Peter Dröse

Amidinato- und Schiff-Basen Komplexe des drei- und vierwertigen Cers

Peter Dröse

Amidinato- und Schiff-Basen Komplexe des drei- und vierwertigen Cers

Synthese, Charakterisierung und Untersuchung der Reaktivität von drei- und vierwertigen Cer-Komplexen

Südwestdeutscher Verlag für Hochschulschriften

Impressum/Imprint (nur für Deutschland/only for Germany)
Bibliografische Information der Deutschen Nationalbibliothek: Die Deutsche Nationalbibliothek verzeichnet diese Publikation in der Deutschen Nationalbibliografie; detaillierte bibliografische Daten sind im Internet über http://dnb.d-nb.de abrufbar.
Alle in diesem Buch genannten Marken und Produktnamen unterliegen warenzeichen-, marken- oder patentrechtlichem Schutz bzw. sind Warenzeichen oder eingetragene Warenzeichen der jeweiligen Inhaber. Die Wiedergabe von Marken, Produktnamen, Gebrauchsnamen, Handelsnamen, Warenbezeichnungen u.s.w. in diesem Werk berechtigt auch ohne besondere Kennzeichnung nicht zu der Annahme, dass solche Namen im Sinne der Warenzeichen- und Markenschutzgesetzgebung als frei zu betrachten wären und daher von jedermann benutzt werden dürften.

Verlag: Südwestdeutscher Verlag für Hochschulschriften GmbH & Co. KG
Dudweiler Landstr. 99, 66123 Saarbrücken, Deutschland
Telefon +49 681 37 20 271-1, Telefax +49 681 37 20 271-0
Email: info@svh-verlag.de

Zugl.: Magdeburg, Otto-von-Guericke Universität, Diss., 2010

Herstellung in Deutschland:
Schaltungsdienst Lange o.H.G., Berlin
Books on Demand GmbH, Norderstedt
Reha GmbH, Saarbrücken
Amazon Distribution GmbH, Leipzig
ISBN: 978-3-8381-2666-1

Imprint (only for USA, GB)
Bibliographic information published by the Deutsche Nationalbibliothek: The Deutsche Nationalbibliothek lists this publication in the Deutsche Nationalbibliografie; detailed bibliographic data are available in the Internet at http://dnb.d-nb.de.
Any brand names and product names mentioned in this book are subject to trademark, brand or patent protection and are trademarks or registered trademarks of their respective holders. The use of brand names, product names, common names, trade names, product descriptions etc. even without a particular marking in this works is in no way to be construed to mean that such names may be regarded as unrestricted in respect of trademark and brand protection legislation and could thus be used by anyone.

Publisher: Südwestdeutscher Verlag für Hochschulschriften GmbH & Co. KG
Dudweiler Landstr. 99, 66123 Saarbrücken, Germany
Phone +49 681 37 20 271-1, Fax +49 681 37 20 271-0
Email: info@svh-verlag.de

Printed in the U.S.A.
Printed in the U.K. by (see last page)
ISBN: 978-3-8381-2666-1

Copyright © 2011 by the author and Südwestdeutscher Verlag für Hochschulschriften GmbH & Co. KG and licensors
All rights reserved. Saarbrücken 2011

Die vorliegende Arbeit entstand unter der Leitung von Herrn Prof. Dr. rer. nat. habil. F. T. Edelmann im Chemischen Institut der Otto-von-Guericke-Universität Magdeburg in der Zeit von Juli 2007 bis Juni 2010.

Meinem Betreuer

       Herrn Prof. Dr. rer. nat. habil. F. T. Edelmann

danke ich recht herzlich für die interessante Themenstellung. Ebenso danke ich herzlich für die intensive Betreuung, für zahlreiche konstruktive Hinweise in allen Belangen der Arbeit und für die Übernahme des Gutachtens als Erstgutachter.

Frau Priv.-Doz. Dr. rer. nat. habil. E. Rosenthal danke ich recht herzlich für ihre engagierte Unterstützung und zahlreiche klärende Gespräche während ihrer Zeit als Gastprofessorin an der Otto-von-Guericke-Universität Magdeburg und für die Übernahme des Gutachtens als Zweitgutachterin.

Dem gesamten Arbeitskreis, insbesondere Frau V. Herrman, Frau B. Häusler, Frau Dr. A. Edelmann, Herrn Dr. C. G. Hrib, Herrn Dr. V. Lorenz, Herrn J. Krüger und Raik Deblitz, danke ich für die sehr gute Zusammenarbeit.

Herrn Dr. V. Lorenz danke ich besonders für die vielen wertvollen Hinweise, das ein oder andere aufbauende Wort und seine ausgesprochen freundliche Art.

Für die Durchführung der Elementaranalyse danke ich Frau S. Preiß und für die Infrarotspektroskopiemessungen Frau I. Sauer und Herrn Dr. V. Lorenz. Weiterhin danke ich Frau Dr. S. Busse für die Massenspektroskopiemessungen. Für die NMR-Analysen und zahlreiche klärende Gespräche danke ich recht herzlich Frau Dr. L. Hilfert und Frau I. Sauer.
Besonderer Dank gilt Herrn Dr. C. G. Hrib für die Einkristall-Röntgenstrukturanalysen und die konstruktiven Diskussionen.

Herrn Dr. J. Gottfriedsen danke ich für seine stetige Unterstützung und die freundschaftliche Zusammenarbeit.

Den Mitarbeitern aus den anderen Arbeitskreisen danke ich für das freundschaftliche Miteinander. Besonderer Dank gilt Mario Walter für das Korrekturlesen dieser Arbeit.

Dem Land Sachsen-Anhalt danke ich recht herzlich für die Gewährung eines Graduiertenstipendiums.

Nicht zuletzt danke ich meiner Familie, die immer an mich geglaubt hat.

Inhaltsverzeichnis

1.	Einleitung	5
2.	Bisheriger Kenntnisstand	9
2.1.	Lanthanoid(II)- und Lanthanoid(III)-Amidinatokomplexe	9
2.2.	Tripodale Schiff-Basen-Komplexe der Lanthanoide und enge Verwandte	28
2.3.	Kationische Lanthanoidkomplexe	39
2.3.1.	Anwendungen von kationischen Cerkomplexen	45
3.	Ergebnisse und Diskussion	47
3.1.	Cer(III)-Amidinato- und Vergleichskomplexe	47
3.1.1.	(Anisonitril)tris[N,N'-bis(trimethylsilyl)-4-methoxybenzamidinato]cer(III)	47
3.1.2.	Tris[N,N'-bis(isopropyl)benzamidinato]cer(III)	50
3.1.3.	Kalium-N,N'-bis(isopropyl)propiolamidinat und Tris[N,N'-bis(isopropyl)propiolamidinato]cer(III)	52
3.1.4.	Tris[N,N'-bis(isopropyl)pivalamidinato]cer(III), -europium(III) und -terbium(III)	55
3.1.5.	(Chloro)bis[N,N'-bis(2,6-diisopropylphenyl)pivalamidinato]cer(III)	58
3.2.	Cer(IV)-Amido- und Cer(IV)-Amidinatokomplexe	62
3.2.1.	Cer(IV)-Amidokomplexe	63
3.2.2.	Cer(IV)-Amidinatokomplexe	65
3.3.	Metallkomplexe des N,N'-Di(isopropyl)-*ortho*-carboranamidins	71
3.3.1.	N,N'-Diisopropyl(monolithio-*ortho*-carboranyl)amidino(dimethoxyethan) und der freie Ligand	71
3.3.2.	Metallkomplexe des N,N'-Di(isopropyl)-*ortho*-carboranylamidino-Anions	75
3.4.	Lanthanoid(III)- und Lanthanoid(IV)-Komplexe des N,N',N''-Tris(3,5-di-*tert*-butylsalicylidenamino)triethylamins	85
3.4.1.	Lanthanoid(III)-Komplexe des N,N',N''-Tris(3,5-di-*tert*-butylsalicylidenamino)triethylamins	85
3.4.2.	Cer(IV)-Komplexe des N,N',N''-Tris(3,5-di-*tert*-butylsalicylidenamino)triethylamins	90
4.	Zusammenfassung	97

5.	Experimenteller Teil	103
5.1.	Allgemeine Arbeitstechniken und analytische Arbeiten	103
5.2.	Synthesebeschreibungen und Analysen	104
6.	Abkürzungsverzeichnis	125
7.	Literaturverzeichnis	127
8.	Tabellenanhang	135

1. Einleitung

Das Cer nimmt unter den 4f-Elementen eine Sonderstellung ein, da in wässrigen Lösungen neben den für Lanthanoide typischen Ln(III)-Komplexen auch Cer(IV)-Komplexe zugänglich sind. Aufgrund des hohen Oxidationspotentials solcher Verbindungen werden sie sehr vielfältig verwendet. Wichtige Einsatzgebiete sind unter anderem organische Synthesen [1], die bioanorganische Chemie [2], Materialwissenschaften [3] und industrielle Katalyse (Dreiwege-Katalysatoren, Sauerstoffspeicherung) [4]. Eine gut untersuchte Verbindungsklasse unter den Cer(IV)-Komplexen sind Cer(IV)-Alkoxide. Sie sind von großem Interesse für die MOCVD-Produktion von dünnen CeO_2-Schichten [5]. Aufgrund der einzigartigen Eigenschaften wie hoher mechanischer Beanspruchbarkeit, Sauerstoffionenleitung und hoher Sauerstoffspeicherfähigkeit rückten in jüngerer Zeit auch CeO_2-Nanopartikel immer stärker in den Blickpunkt für zahlreiche Anwendungen, zum Beispiel in Brennstoffzellen, Sauerstoffpumpen und amperometrischen Sauerstoffdetektoren [4c, 6]. Silva berichtete 2006 von einer ungewöhnlichen und überraschenden Anwendung der Nanopartikel im medizinischen Bereich. Cerdioxid ist in der Lage, reaktive Moleküle im Auge von Ratten abzufangen. Diese Ergebnisse zeigten, dass CeO_2-Nanopartikel potentiell zur Behandlung von Netzhautablösung und Blindheit verwendet werden können.

Cer(IV)-Verbindungen sind also neben ihren vielfältigen Anwendungsmöglichkeiten auch geeignete Startmaterialien für die Synthese von CeO_2-Nanopartikeln [7]. Daher ist es von großem Interesse, strukturell wohldefinierte Cer(IV)-Verbindungen zu synthetisieren. Prinzipiell ist dies auf zwei Wegen realisierbar: Erstens durch Oxidation eines Cer(III)-Edukts und zweitens durch Reaktion einer Verbindung, in der das Cer bereits in der Oxidationsstufe +4 vorliegt. Gerade die erste Variante scheint nicht ganz trivial zu sein, denn obwohl viele Cer(III)-Komplexe in der Literatur als extrem oxidationsempfindlich beschrieben wurden [8], wurde über die gezielte Oxidation bisher in nur wenigen Fällen berichtet. Beispiele dafür sind porphyrinhaltige Cerkomplexe [9], Cer(IV)-Alkoxide [5b], ein Cer(IV)-Silsesquioxan [10] und ein tripodaler Schiff-Basenkomplex [11]. Erwähnenswert sind außerdem Arbeiten von Morton et al. [12], in der über die Oxidation eines tripodalen Cer(III)-Amidokomplexes berichtet wurde (Schema 1).

Schema 1

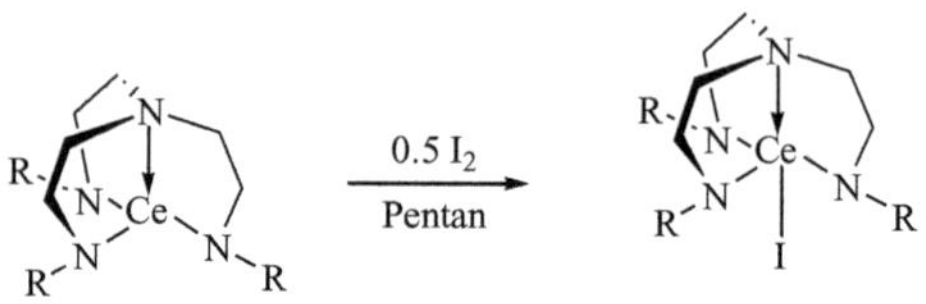

[Reaktionsschema: Ce-Komplex mit N-R Liganden + 0.5 I₂ / Pentan → Ce(IV)-I-Komplex]

R = Si^{t}BuMe$_2$

Wenige Jahre später schlossen sich Arbeiten zu Oxidationen von Tris[bis(trimethylsilyl)-amido]cer(III) von Lappert et al. an [13a]. Neben einer Vielzahl von nicht adäquaten Oxidationsmitteln fiel die Wahl schließlich auf das recht ungewöhnliche Tellurtetrachlorid (Schema 2).

Schema 2

$$[(Me_3Si)_2N]_3Ce \xrightarrow[\substack{\text{Toluol} \\ -0.25\ Te}]{0.25\ TeCl_4} [(Me_3Si)_2N]_3CeCl$$

Weiterhin war es auch möglich, durch Reaktion gemäß Schema 2 mit Ph$_3$PBr$_2$ als Oxidationsmittel das Bromanalogon zu synthetisieren [13b]. Die gezielte Einführung eines Halogenidliganden in einer Oxidationsreaktion hat den Vorteil, dass der entstehende Cer(IV)-Komplex durch eine gute Abgangsgruppe in weiteren Salzmetathesen umgesetzt werden kann. Eine auf diesem Wege potentiell zugängliche Cer(IV)-σ-Kohlenstoffbindung ist allerdings bislang nicht in der Literatur zu finden. Auch Cer(IV)-π-Kohlenstoffbindungen sind bisher selten beschrieben worden ((C$_8$H$_8$)$_2$Ce [14], Cp$_3$Ce(O^{i}Pr) [15] und Cp$_3$Ce(O^{t}Bu) [16]).
Eine besondere Herausforderung bei derartigen Oxidationsreaktionen ist die Wahl des Ligandensystems, da es zahlreichen Anforderungen genügen muss. Neben der effektiven sterischen Abschirmung des Lanthanoid-Ions in den Komplexen muss der Ligand eine passive Zuschauerrolle während der Reaktion einnehmen können, und die Cer(III)-Startmaterialien sollten in möglichst wenigen Syntheseschritten zugänglich sein. Die Amidinatliganden scheinen in diesem Zusammenhang eine gute Alternative zu den in der Lanthanoidchemie häufig verwendeten Cyclopentadienylliganden zu sein. Diese Stickstoffanaloga der Carboxylate (Abb. 1) sind aufgrund ihrer vielfältigen Substitutionsmöglichkeiten sterisch sehr gut variierbar und meist aus kommerziell erhältlichen Chemikalien in Form ihrer Alkalimetallsalze in einem Schritt darstellbar. Über eine anschließende Salzmetathese sind die entsprechenden Ln(III)-Komplexe in einfacher Weise zugänglich [17].

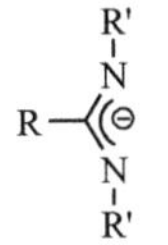

Einleitung

Abb. 1: Amidinatanion

Das resonanzstabilisierte, heteroallylische System des chelatisierenden Amidinatliganden verspricht eine gewisse Stabilität gegenüber Oxidation, so dass ein guter Zuschauercharakter während der Reaktion potentiell gewährleistet ist.

Ziel dieser Arbeit war es, einige Vertreter der bislang nur selten beschriebenen Cer(III)-Amidinate zu synthetisieren, strukturell aufzuklären und das Oxidationsverhalten gegenüber Phenylioddichlorid zu prüfen. Zu diesem Zweck sollten die Stickstoffatome und das Kohlenstoffatom der Amidinateinheit verschiedenartig substituiert werden. Insbesondere sollte erstmalig das „Rückgrat" des Liganden mit einem *ortho*-Carboran gekoppelt werden, so dass ein hoher anorganischer Anteil im Molekül vorliegt. Zu Vergleichszwecken sollten auch ausgewählte Metallkomplexe synthetisiert werden, um generelle Tendenzen struktureller Besonderheiten zu erforschen.

Die sehr raumerfüllenden tripodalen Liganden sind ein effektives Mittel, um Lanthanoidkomplexe zu stabilisieren. Nach dem HSAB-Konzept sind Lanthanoidionen harte Säuren, und daher sind Sauerstoff- und Stickstoffatome sehr gute Bindungspartner für sie. Tripodale Schiff-Basen-Liganden vereinen diese beiden Aspekte miteinander. Mit einem Vertreter dieser Substanzklasse, dem *N,N',N''*-Tris(salicylidenamino)triethylamin (= H_3Trensal, Abb. 2), sind bereits, mit Ausnahme des Promethiums, Komplexe der gesamten 4f-Element-Reihe der Form Ln(Trensal) bekannt [18-21]. Der Ligand koordiniert mit allen sieben Haftatomen an das Metallzentrum und umschließt es komplett. Je nach Syntheseroute der Komplexe und Substitutionsmuster des Liganden sind auch Verbindungen anderer Koordinationstypen zugänglich, beispielsweise Ln(H_3Trensal)(NO_3)$_3$ [20].

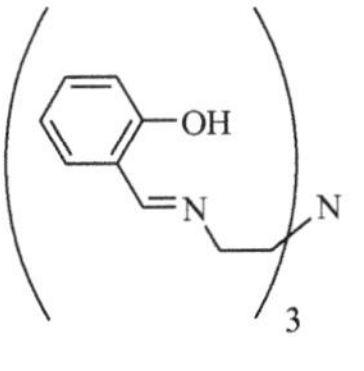

Abb. 2: *N,N',N''*-Tris(salicylidenamino)triethylamin (= H_3Trensal)

Einen noch größeren sterischen Anspruch erhält der Ligand durch die Einführung zweier *tert*-Butylgruppen in 3,5-Position der Phenylringe (= H_3Trendsal). Mit diesem Liganden wurden bisher dreiwertige Lanthanoidkomplexe des Samariums [22], Neodyms [22] und Gadoliniums [23] der Form Ln(Trendsal) beschrieben. Zudem gelang die Synthese zweier Cer(IV)-Komplexe (Ce(Trendsal)Cl, Abb. 3; Ce(Trendsal)NO_3 [11]) in einfachen Eintopf-Synthesen. Die chlorofunktionalisierte Cer(IV)-Verbindung ist nicht luftempfindlich und daher sehr gut handhabbar. Demnach sollte sie sich hervorragend als Startmaterial für die Synthese weiterer Cer(IV)-Komplexe eignen. Erwähnenswert ist die Bindung des Chloroliganden zwischen zwei Armen des tripodalen Liganden, was zu einer sterischen Überfrachtung des Komplexes führt.

Abb. 3: {N[CH_2CH_2N=CH(2-O-3,5-$^t Bu_2 C_6 H_2$)]$_3$}CeCl (= Ce(Trendsal)Cl)

Ein weiteres Ziel dieser Arbeit war daher die Untersuchung der Reaktivität des Ce(Trendsal)Cl. Besonderes Interesse galt dabei dem Auffinden von Struktur-Reaktivitäts-Beziehungen hinsichtlich der unterschiedlichen sterischen Beanspruchung in den Edukten und Produkten. In diesem Zusammenhang sollte versucht werden durch Ersatz des Chloroliganden erstmalig ein Cer(IV)-Kation zu synthetisieren.

2. Bisheriger Kenntnisstand

2.1. Lanthanoid(II)- und Lanthanoid(III)-Amidinatokomplexe

Am Beginn der Chemie der Benzamidinat-Anionen standen Pionierarbeiten von Sanger et al. aus dem Jahr 1973 [24]. Erstmals wurden Lithiumamide mit Benzonitril in Diethylether umgesetzt. Unter den erhaltenen neuartigen Lithiumbenzamidinaten befand sich auch das sterisch anspruchsvolle Lithium[*N,N'*-bis(trimethylsilyl)benzamidinat] **I**, das gerade in der Lanthanoidchemie in den folgenden Jahren von großem Interesse sein sollte. Aus weiteren Umsetzungen der Lithiumspezies mit Chlorotrimethylsilan resultierten die entsprechenden Benzamidine, für **I** konkret das *N,N,N'*-Tris(trimethylsilyl)benzamidin **II** (Schema 3). Im Verlauf der folgenden Jahre wurde diese Syntheseroute von Oakley et al. verbessert und auf verschiedene *para*-substituierte Benzonitrile erweitert [25].

Schema 3

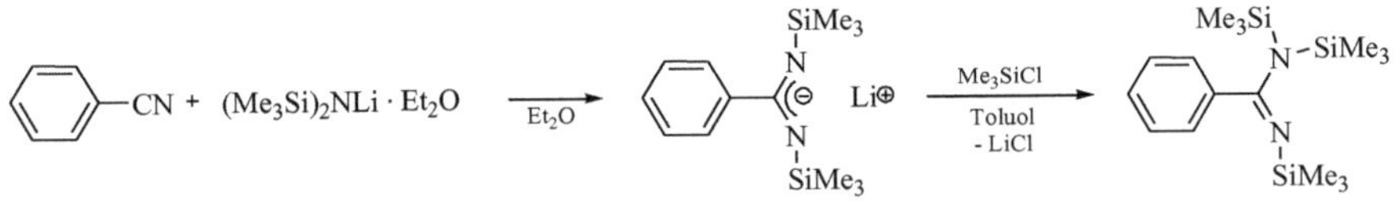

Ph–CN + (Me$_3$Si)$_2$NLi · Et$_2$O $\xrightarrow{\text{Et}_2\text{O}}$ **I** $\xrightarrow[\text{- LiCl}]{\text{Me}_3\text{SiCl, Toluol}}$ **II**

Die zweizähnigen, monoanionischen Amidinate können als N-Analoga der ebenfalls zweizähnigen, monoanionischen Carboxylate angesehen werden (Abb. 4). Beide Ligandentypen sind in Komplexen über σ-Bindungen an das Metall gebunden und potentiell zur Bildung von Chelatkomplexen befähigt. Die Bindung besitzt einen hohen ionischen Charakter. Ein sehr bedeutender Unterschied besteht jedoch darin, dass das Carboxylation flach ist und sich somit nicht ober- und unterhalb der OMO-Bindungsebene aufbauen kann. Hingegen kann durch geeignete Substituenten am Stickstoff der Amidinate ein solcher Effekt, bezogen auf die NMN-Bindungsebene, erzielt werden. Die Folge ist eine gute sterische Abschirmung des Metallzentrums. Diese Abschirmung ist aufgrund der großen Koordinationssphäre des Metalls gerade in Lanthanoidkomplexen ein wesentlicher Aspekt der Stabilität. Aus sterischer Sicht zeigen beide Ligandenklassen daher kaum Gemeinsamkeiten.

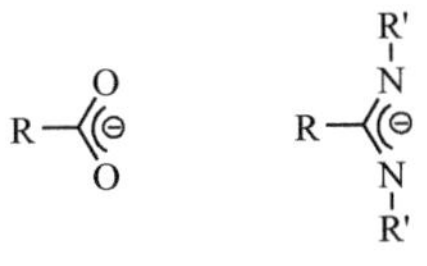

Abb. 4: Carboxylat- und Amidinatanion

In Metall-Amidinato-Komplexen kommt es zu einem weiteren Effekt. Handelt es sich bei R und R' (Abb. 4) um hinreichend große Reste, kommt es zu sterischen Wechselwirkungen zwischen ihnen. Besonders deutlich wird dieser Aspekt, wenn für R ein Phenylsystem vorliegt. In den Molekülstrukturen der Metallkomplexe zeigt sich eine fast senkrechte Anordnung des Phenylrings und der NCN-Ebene, so dass eine Delokalisierung der π-Elektronen über das gesamte System nahezu unmöglich ist [26]. Typischerweise liegen die Diederwinkel zwischen 60 und 90° [27]. Beispielsweise liegt bei [PhC(N-c-C_6H_{11})$_2$]$_3$Sm in der Molekülstruktur ein Diederwinkel von 79.4° vor [28]:

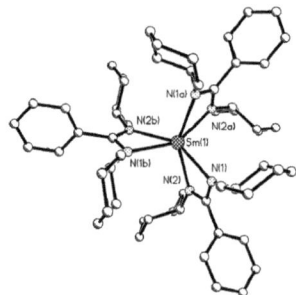

Abb. 5: Molekülstruktur von [PhC(N-c-C_6H_{11})$_2$]$_3$Sm [28]

Durch die gegenseitige Beeinflussung kann über die Größe der beiden Reste sehr gut der Kegelwinkel (Abb. 6) und damit die potentielle sterische Abschirmung des Metallzentrums gesteuert werden. Kommt es zu einer stärkeren Wechselwirkung rücken die beiden Reste R' näher an das Metallzentrum heran und der Kegelwinkel vergrößert sich und umgekehrt:

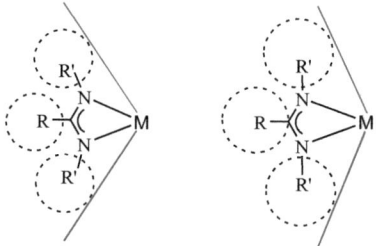

Abb. 6: Einfluss der Substituentengröße in Amidinatkomplexen auf den Kegelwinkel

Durch die Variation der Kegelwinkel ist es möglich, ähnliche Komplexe zu synthetisieren, wie sie bei den gut untersuchten Cp-Komplexen auftreten. Beispielsweise zeigt der Vergleich der Kegelwinkel von [PhC(NSiMe$_3$)$_2$]$^-$ (137°) und Cp$^-$ (136 °C) [32], dass sie nahezu gleich sind und damit, obgleich ihrer völlig unterschiedlichen Natur, diese beiden Liganden in Komplexen potentiell Parallelen aufweisen. In der Tat zeigen Amidinato-Komplexe der f-Elemente hinsichtlich des generellen Aufbaus und der Reaktivität häufig Analogien [17, 25, 29, [30-32] zu den Cyclopentadienylkomplexen. Die Amidinate zeichnen sich aber durch zwei wesentliche Vorteile aus: Erstens lassen sie sich meist aus kommerziell erhältlichen Chemikalien in praktikablen Ausbeuten und auf einfachen Wegen synthetisieren. Zweitens sind sie, aufgrund ihrer vielfältigen Substitutionsmöglichkeiten am Stickstoff- und Kohlenstoffatom, sterisch und (weniger) elektronisch sehr gut „einstellbar". Daher lassen sie sich der Größe des eingesetzten Lanthanoids in optimalem Maße anpassen und auf die Anwendungen der Zielverbindungen abstimmen [8a].

Metall-Amidinato-Komplexe sind auf verschiedenen Syntheserouten zugänglich. Die wichtigsten von ihnen sind:

a) Insertion eines Carbodiimids in eine bestehende Metall-Kohlenstoffbindung
b) Deprotonierung eines Amidins mithilfe eines Metallalkyls
c) Salzmetathese: Umsetzung eines Metallhalogenids mit dem Amidinato-Komplex eines Alkalimetalls
d) Direkte Reaktion eines Metallhalogenids mit N,N,N'-Tris(trimethylsilyl)amidin [33].

Die erste Variante wurde für Lanthanoide bisher nur selten in der Literatur beschrieben. Zhou et al. zeigten 2002 erstmals, dass diese Syntheseroute auch für 4f-Elemente anwendbar ist (Schema 4) [34]:

Schema 4

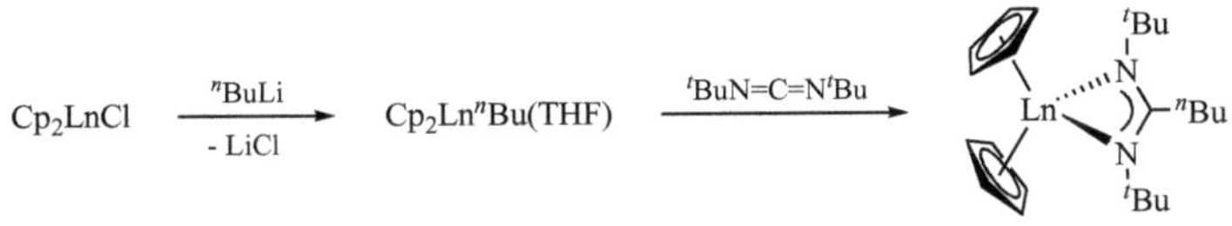

$Cp_2LnCl \xrightarrow[- LiCl]{^nBuLi} Cp_2Ln^nBu(THF) \xrightarrow{^tBuN=C=N^tBu}$ Ln(Cp)$_2$(N(^{t}Bu)C(^{n}Bu)N(^{t}Bu))

Ln = Y, Gd, Er

Weitere Insertionsprodukte wurden mit Yttrium [35, 36], Ytterbium [35] und Lutetium [35, 37] synthetisiert. In allen Fällen entstehen Mono(benzamidinato)komplexe, die teils reaktive Zwischenprodukte für katalytische Anwendungen [35] darstellen oder unter CH-Aktivierung anderer Liganden direkt Folgereaktionen eingehen [36]. Homoleptische Tris(amidinato)komplexe sind auf diesem Wege nicht zugänglich.

Aufgrund der geringen Zahl von definierten, homoleptischen Lanthanoidalkylen ist auch die zweite Syntheseroute nur sehr begrenzt anwendbar [33]. Häufig werden daher die Alkyle der größeren Lanthanoide *in situ* hergestellt und direkt mit dem freien Amidin umgesetzt. Beispielsweise synthetisierten Hessen et al. im Rahmen systematischer Studien zur katalytischen Aktivität für die Hydroaminierung/Cyclisierung kationische Mono(benzamidinato)komplexe für Scandium, Yttrium,

Neodym, Gadolinium und Lutetium [38] auf diesem Wege. Weiterhin wurden für das Lanthan erfolgreiche Umsetzungen in der Literatur beschrieben [39]. Auch mit dieser Variante sind Tris(amidinato)komplexe nicht erhältlich.

Die Salzmetathese ist für die Lanthanoide der praktikabelste und damit der am häufigsten beschrittene Weg zur Darstellung von Amidinato-Komplexen. Insbesondere sind auch die unter a) und b) nicht zugänglichen homoleptischen Komplexe [17, 28, 40, 41] erhältlich. Durch die Wahl des sterischen Anspruchs des eingesetzten Amidinatliganden und der übrigen Bindungspartner sind auch Mono- [42, 43, 44] und Bis(amidinato)komplexe [45, 46] zugänglich.

Durch Untersuchungen der Reaktivität von N,N,N'-Tris(trimethylsilyl)benzamidin mit Metallhalogeniden zeigten Dehnicke et al. 1988 einen weiteren Weg zu Metall-Benzamidinaten auf [47]. Zum Einsatz kamen die Chloride von Hauptgruppen- und Übergangsmetallen, meist unter Bildung eines Mono(benzamidinato)komplexes. Auf Lanthanoidchloride kann diese Methode nicht angewandt werden, da sie gegenüber N,N,N'-Tris(trimethylsilyl)organo-amidinen zu unreaktiv sind [8a].

Bereits damals wurden von Dehnicke et al. einige mögliche Koordinationsmodi des Liganden vorgeschlagen. Zwei von ihnen konnten für einige Metallkomplexe strukturell abgesichert werden [47]. Es handelte sich dabei um den Typ **A** (für Sb, Ti, Zr) und **C** (für Cu) aus Abb. 7. Heute werden im Wesentlichen drei Koordinationsarten unterschieden (Abb. 7) [33]. Die chelatisierende Bindung des Liganden (Typ **A**) ist der häufigste Koordinationstyp und bei den Lanthanoiden auch der bisher einzige Typ. **B** ist nur sehr selten beschrieben worden [48]. Der letztgenannte Koordinationsmodus wird vereinzelt in Übergangsmetallkomplexen angetroffen [49], in denen der Ligand verbrückend wirkt und teilweise auch keine Bindung zwischen den Metallen vorliegt. Varianten des **C**-Typs werden auch bei vielen Alkalimetallamidinaten angetroffen. An geeigneter Stelle werden einzelne Beispiele näher diskutiert.

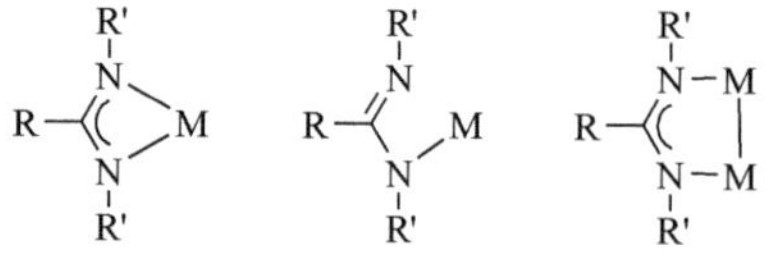

Abb. 7: Koordinationstypen des Amidinatliganden

In der vorliegenden Arbeit ist der Schwerpunkt auf die Synthese von Amidinato-Komplexen, ausgehend von den in Abb. 8 dargestellten freien Amidinen, gesetzt. Mit den in der Literatur bereits bekannten **HL1** bis **HL5** wurden einige Lanthanoidkomplexe, im Wesentlichen aber Cerkomplexe, synthetisiert. **HL6** war hingegen bisher völlig unbekannt.

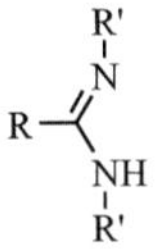

HL1: R = C$_6$H$_4$OMe, R' = SiMe$_3$
HL2: R = ^{t}Bu, R' = ^{i}Pr
HL3: R = Ph, R' = ^{i}Pr
HL4: R = C≡CPh, R' = ^{i}Pr
HL5: R = ^{t}Bu, R' = Diip
HL6: R = C$_2$B$_{10}$H$_{11}$, R' = ^{i}Pr

Abb. 8: Freie Amidine der verwendeten Amidinatliganden

HL1 ist ein enger Verwandter des seit Beginn der Amidinatchemie verwendeten *N,N'*-Bis(trimethylsilyl)benzamidinat-Anions. **L1**$^-$ wurde von Edelmann et al. 1990 verwendet, um Ytterbium in der niedrigen Oxidationsstufe +2 zu stabilisieren [29]. Durch Umsetzung von Ytterbiumdiiodid mit den entsprechenden Natriumbenzamidinaten konnten erstmals Lanthanoid(II)-Komplexe der neuen Substanzklasse synthetisiert werden:

Schema 5

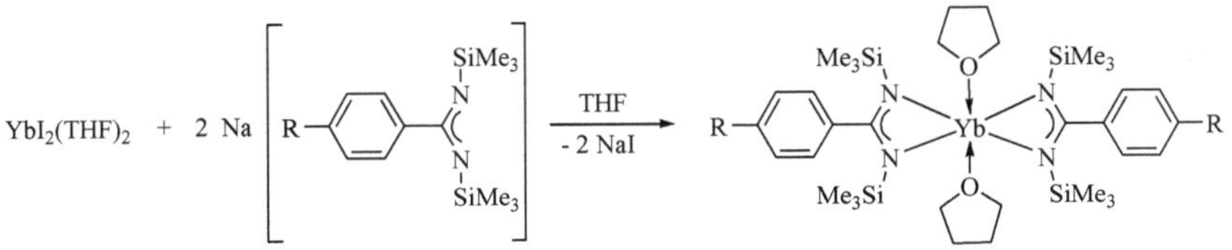

YbI$_2$(THF)$_2$ + 2 Na → [Schema: Amidinat-Anion mit SiMe$_3$-Gruppen] → THF / − 2 NaI → [PhC(NSiMe$_3$)$_2$]$_2$Yb(THF)$_2$

R = H, OMe (= HL1), Ph (kein koord. THF)

Die Röntgenstruktur für [PhC(NSiMe$_3$)$_2$]$_2$Yb(THF)$_2$ zeigte die *trans*-Stellung der THF-Moleküle und ein leichtes Verdrehen der NCN-Einheiten gegeneinander. Ein Diederwinkel von 77.3° (NCN zu Ph) zeigt die große sterische Hinderung innerhalb eines Amidinatliganden. Eine wesentliche Analogie der in Schema 5 aufgezeigten Zielkomplexe zu Cp*$_2$Yb(Et$_2$O) ist neben der starken Oxidationsempfindlichkeit insbesondere das Vermögen, S–S-, Se–Se- und Te–Te-Bindungen reduktiv zu spalten [29, 32].

Bereits kurze Zeit nach der Veröffentlichung von Oakley et al. [25] wurde die Synthese von homoleptischen Tris(amidinato)komplexen einiger Lanthanoide beschrieben [17] (Schema 6). In allen Zielverbindungen wurde die Koordinationszahl sechs realisiert. Die großen Trimethylsilylgruppen der Liganden sorgen für das monomere Vorliegen aller beschriebenen Komplexe, im Gegensatz zu den entsprechenden Carboxylaten.

Schema 6

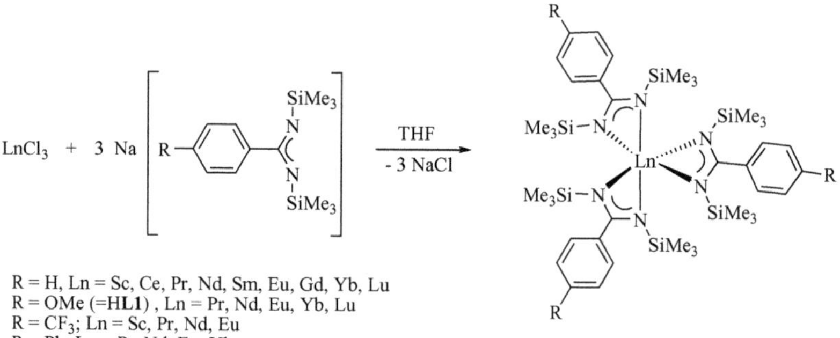

[Reaktionsschema: LnCl₃ + 3 Na [R-C₆H₄-C(=N-SiMe₃)(N-SiMe₃)] → (in THF, -3 NaCl) Ln-Komplex mit drei Benzamidinat-Liganden]

R = H, Ln = Sc, Ce, Pr, Nd, Sm, Eu, Gd, Yb, Lu
R = OMe (=**HL1**), Ln = Pr, Nd, Eu, Yb, Lu
R = CF₃; Ln = Sc, Pr, Nd, Eu
R = Ph; Ln = Pr, Nd, Eu, Yb

Die Einführung des Substituenten in *para*-Stellung des aromatischen Rings führt zu deutlichen Unterschieden in der Löslichkeit der Verbindungen. Sie nimmt in unpolaren Lösungsmitteln für die in Schema 6 aufgezeigten Komplexe in der Reihe R = H, CF₃, OMe, Ph deutlich ab. Der Substituent ist dabei so weit vom Metall entfernt, dass er praktisch keinen Einfluss auf die Koordinationsumgebung am Zentrum hat [27].

Trotz des hohen Raumbedarfs dieser Benzamidinatliganden ist in der Koordinationssphäre von Lanthanoiden immer noch Platz genug für „schlanke" Liganden. Im Jahr 2004 veröffentlichte Arbeiten von Edelmann et al. zeigen, dass sich in Anwesenheit von Benzonitril während der Salzmetathese, 1:1-Addukte darstellen lassen [28] (Schema 7). Beide erhaltenen Metallkomplexe sind isostrukturell und weisen eine Koordinationszahl von 7 auf. Abb. 9 zeigt die Molekülstruktur der Europiumverbindung.

Schema 7

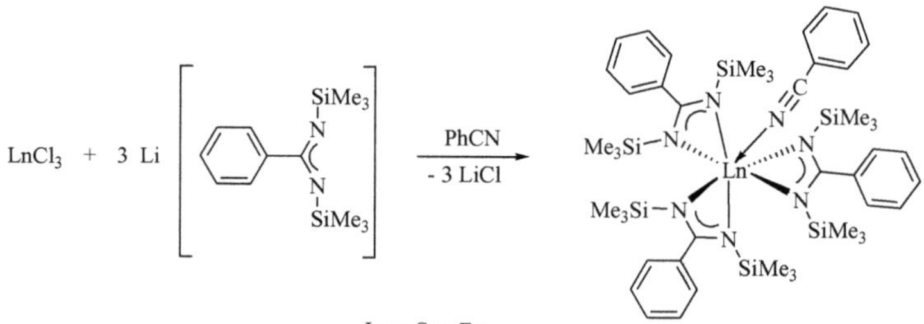

[Reaktionsschema: LnCl₃ + 3 Li [Ph-C(=N-SiMe₃)(N-SiMe₃)] → (in PhCN, -3 LiCl) Ln-Komplex mit drei Benzamidinat-Liganden und einem PhCN-Addukt]

Ln = Sm, Eu

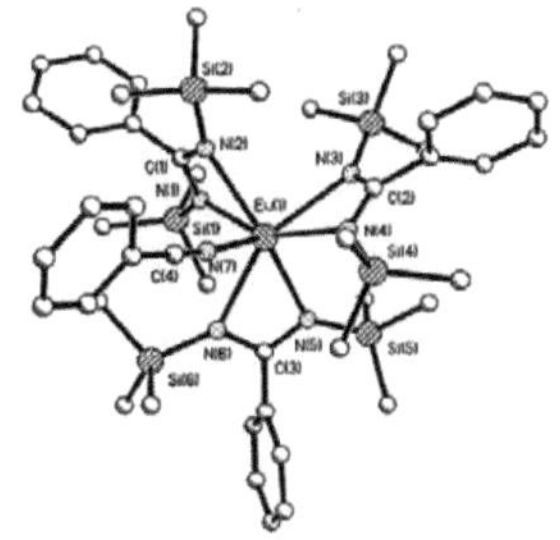

Abb. 9: Molekülstruktur von [PhC(NSiMe$_3$)$_2$]$_3$Eu(NCPh) [28]

Wird nicht nur die *para*-Position, sondern auch die *ortho*-Positionen durch Substituenten belegt, so hat das natürlich unmittelbare Auswirkungen auf den sterischen Anspruch des Liganden. Die Folge ist nicht nur ein Ausbleiben der Koordination weiterer Lösungsmittelmoleküle, sondern auch die Bildung von Bis(amidinato)komplexen. Wird L1$^-$ dreifach 2,4,6-CF$_3$-substituiert, so führt die Umsetzung mit NdCl$_3$(THF)$_2$ zu einer Verbindung, in der das Metall sechsfach koordiniert ist [46] (Schema 8). Dieser Komplex liegt in Form eines chloro-verbrückten, LiCl-Adduktes vor, was für Lanthanoide sehr typisch ist [50d].

Schema 8

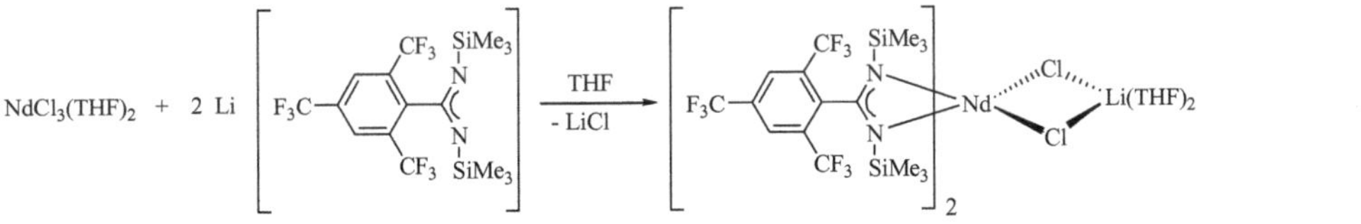

Weitere Vergleichssynthesen zeigten, dass dieser trisubstituierte Benzamidinatligand sterisch mehr dem Cp* beziehungsweise Cp^{tt} (= 1,3-Di-*tert*-butylcyclopentadienyl) gleicht. Die so erhaltenen disubstituierten Verbindungen sind von großem Interesse, da sie noch chlorofunktionalisiert sind. Über Salzmetathese ist damit eine sehr große Palette an heteroleptischen Benzamidinatokomplexen zugänglich. Diese Tatsache machten sich 1996 Teuben et al. zu Nutze und synthetisierten eine ganze Reihe von Bis(amidinato)komplexen des Yttriums [27]. Die Darstellung der Edukte für die Synthesen erfolgte analog der in Schema 8 aufgezeigten Reaktion unter Bildung des in Schema 9 dargestellten Komplexes. Auch in diesem Fall wurde die Methoxygruppe zur Löslichkeitsverbesserung der Produkte eingeführt. Interessanterweise verliert das Produkt in siedendem Pentan das Lithiumchlorid:

Schema 9

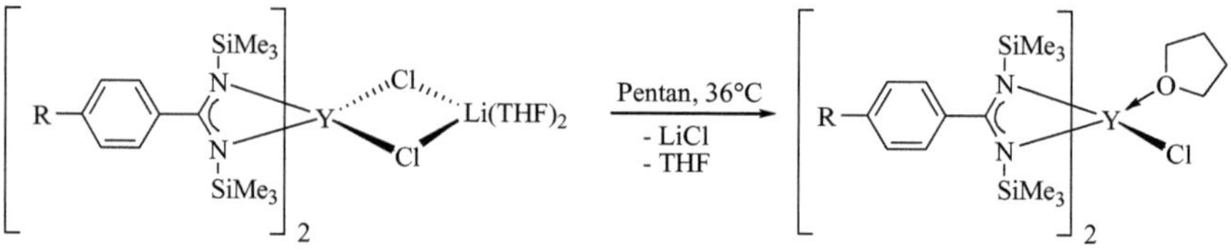

$$\left[R-\underset{\underset{SiMe_3}{|}}{\overset{\underset{SiMe_3}{|}}{N}}\!\!\!\!\!\!\!\!\!\!\!\!\!\underset{}{\bigg\rangle}\!\!\!\!Y\!\!\underset{Cl}{\overset{Cl_{\cdots}}{\diagdown}}\!Li(THF)_2 \right]_2 \xrightarrow[\substack{-\text{LiCl} \\ -\text{THF}}]{\text{Pentan, 36°C}} \left[R-\underset{\underset{SiMe_3}{|}}{\overset{\underset{SiMe_3}{|}}{N}}\!\!\!\!\!\!\!\!\!\!\!\!\!\underset{}{\bigg\rangle}\!\!\!\!Y\!\!\underset{Cl}{\overset{O}{\diagdown}} \right]_2$$

R = H; OMe (= H**L1**)

Weitere erfolgreiche Umsetzungen zu Amiden, Alkoxiden, Borhydriden und verschiedenen Alkylen demonstrieren den guten „Zuschauer"-Charakter der Amidinate. Grund dafür ist die resonanzstabilisierte negative Ladung im heteroallylischen NCN-System und die daraus resultierende relative Unempfindlichkeit gegenüber elektrophilen Angriffen. Selbst die Hydrierungen der entsprechenden Alkylverbindungen zu den ersten Cp-freien Hydridokomplexen des Yttriums verliefen erfolgreich. Schema 10 zeigt exemplarisch die Umsetzung der Bis(trimethylsilyl)methyl-Derivate [27].

Schema 10

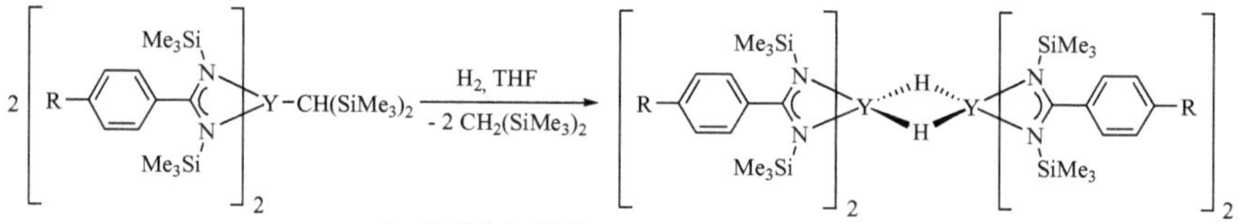

R = H, OMe (= H**L1**)

Weiterführende Arbeiten zeigten, dass die in Schema 10 erwähnten Komplexe sich sehr gut mit Acetylenderivaten über Protonolyse umsetzen lassen [51]. Exemplarisch sei an dieser Stelle die Reaktion des Alkyls aufgezeigt:

Schema 11

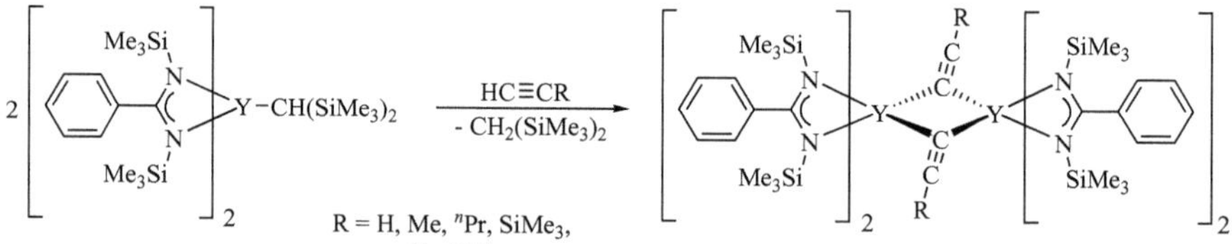

R = H, Me, ^{n}Pr, SiMe$_3$, Ph, CMe$_3$

Lösen des Produkts in THF führte zur Bildung eines monomeren Komplexes, in dem zusätzlich das Lösungsmittel koordiniert ist. Darüberhinaus wurden [PhC(NSiMe$_3$)$_2$]$_2$YR (R = CH(SiMe$_3$)$_2$, CH$_2$Ph) erfolgreich als Katalysatoren für die Dimerisierung von HC≡CR' (R' = Ph, CMe$_3$, SiMe$_3$) eingesetzt.

L1⁻ und seine engen Verwandten sind auch in Mono(amidinato)komplexen anzutreffen. Zugänglich sind diese Verbindungen durch Reaktionen mit Metallkomplexen, die noch Chloro- oder Triflatfunktionalisiert sind. In Arbeiten von 1994 und 1995 stand die Synthese neuer Mono(COT)lanthanoidkomplexe im Fokus des Interesses [44, 52]. Umgesetzt wurden dimere chloro- beziehungsweise triflat-verbrückte Edukte mit den entsprechenden Alkalimetallbenzamidinaten:

Schema 12

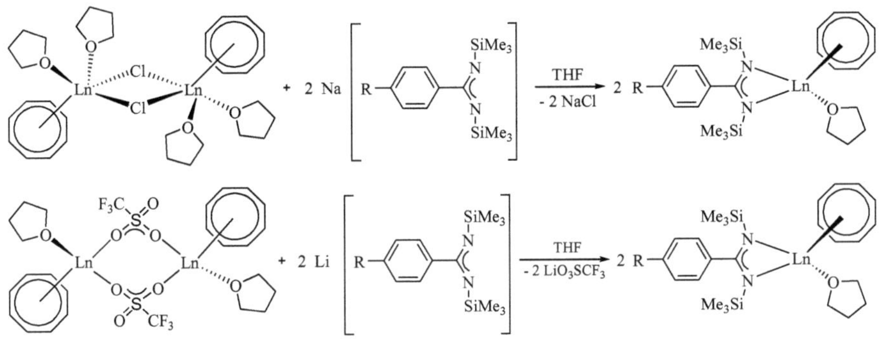

R = H, OMe (= HL1), CF$_3$ Ln = Y, Ce, Pr, Nd, Sm, Tm, Lu

Alle Verbindungen liegen monomer vor. In der Molekülstruktur des sehr kleinen Lutetiumkomplexes ist ersichtlich (Abb. 10), dass immer noch Platz genug für die Koordination eines THF-Moleküls ist. Weiterhin offenbart sich wieder die Verdrehung des Phenylrings gegen die NCN-Einheit.

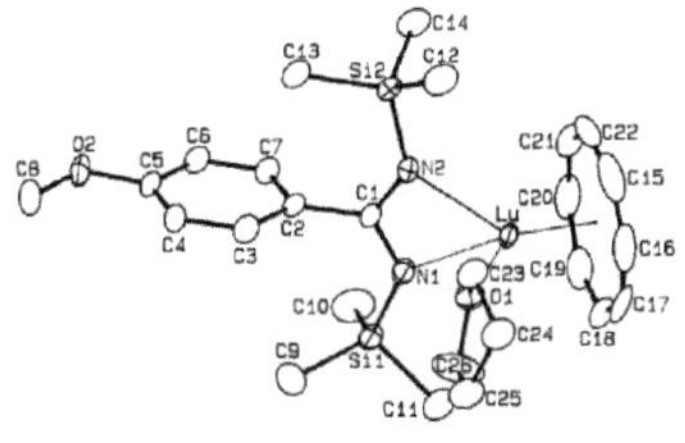

Abb. 10: Molekülstruktur von (COT)Lu(**L1**)(THF) [44]

Eine sehr wesentliche Rolle spielt die Reihenfolge der Einführung der Liganden. Die erwähnten Arbeiten von Teuben et al. [27] zeigten Möglichkeiten auf, Bis(amidinato)komplexe des Yttriums zugänglich zu machen. In weiterführenden Arbeiten konzentrierten sie sich auf Synthesen von Zielverbindungen, die pro Metall je einen Cp*- und einen Benzamidinatliganden tragen (Schema 13) [53].

Schema 13

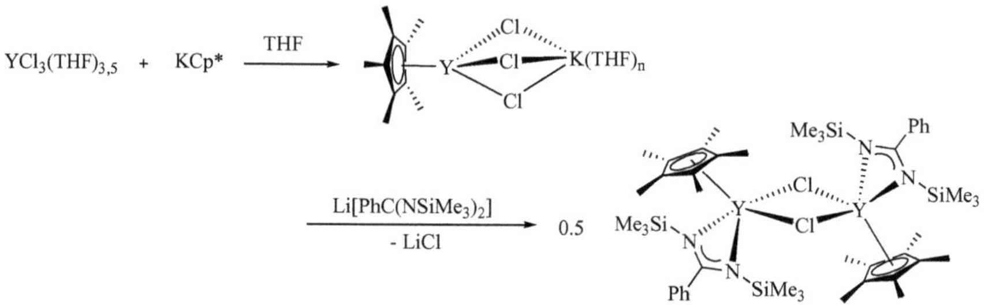

YCl$_3$(THF)$_{3,5}$ + KCp* $\xrightarrow{\text{THF}}$ [Cp*Y(Cl)$_3$K(THF)$_n$]

$\xrightarrow[\text{- LiCl}]{\text{Li[PhC(NSiMe}_3)_2]}$ 0.5 [Cp*Y(μ-Cl)(μ-PhC(NSiMe$_3$)$_2$)]$_2$

Die beiden raumerfüllenden Liganden im Produkt (Schema 13) schirmen die chloro-Brücken sehr gut gegen weitere Angriffe ab. So zeigen sich keine Reaktionen gegenüber THF, Alkoxiden, Amiden und sogar MCH(SiMe$_3$)$_2$ (M = Li, K). Damit waren weitere Produkte über Salzmetathese nicht zugänglich. Lediglich die kleine Methylgruppe des Methyllithiums kommt dem Chloroliganden nahe genug und es kommt zu einer Reaktion (Schema 14).

Schema 14

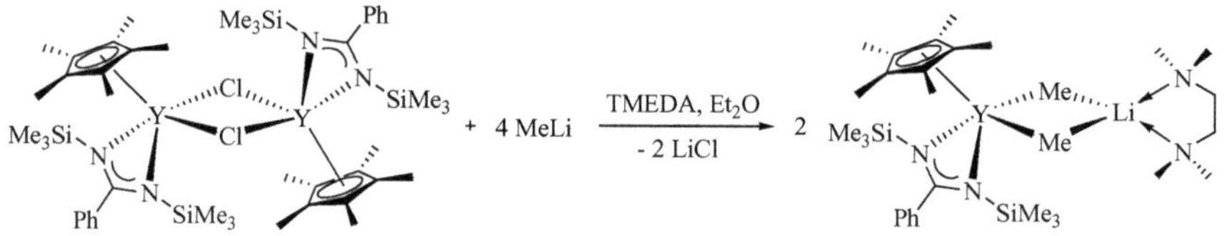

[Cp*Y(μ-Cl)(μ-PhC(NSiMe$_3$)$_2$)]$_2$ + 4 MeLi $\xrightarrow[\text{- 2 LiCl}]{\text{TMEDA, Et}_2\text{O}}$ 2 [Cp*Y(Me)$_2$(PhC(NSiMe$_3$)$_2$)Li(TMEDA)]

Anschließende gezielte Protolysereaktionen mit *tert*-Butylacetylen und 1,3-Di-*tert*-butylphenol waren erfolgreich und zeigten wieder die gute Zuschauerrolle der Benzamidinatliganden.

In den Ausführungen von Teuben et al. wird weiterhin ein sehr interessanter Aspekt erwähnt. Wird die Reihenfolge der Edukte (KCp* und Lithiumbenzamidinat) vertauscht, so kann nach Aufarbeitung in heißem Toluol lediglich das bereits in Schema 9 gezeigte [PhC(NSiMe$_3$)$_2$]$_2$YCl(THF) isoliert werden. Diese Beobachtung ist aus zwei Gesichtspunkten heraus interessant. Erstens wurden Yttriumtrichlorid und Lithiumbenzamidinat **äquimolar** zur Reaktion gebracht und es resultierte dennoch ein **Bis**(amidinato)komplex. Zweitens war die Koordination von Cp* an das Metall auf diesem Wege nicht möglich. Letzteres zeigt deutlich, das Cp* in seinem Raumbedarf erheblich über dem des [PhC(NSiMe$_3$)$_2$]$^-$ liegt, da nach den Ergebnissen aus Schema 6 sogar das im Vergleich zum Yttrium kleinere Scandium einen Tris(amidinato)komplex mit dem hier verwendeten Liganden bilden kann [17]. Die gezielte Synthese von Mono(amidinato)komplexen über Salzmetathese wird also scheinbar weniger über die Stöchiometrien bestimmt, sondern vielmehr durch vorherige Absättigung der Koordinationssphäre des Metalls mit einem anderen Liganden.

Der Einsatz eines Amidinatliganden mit einem sehr hohen Raumbedarf ist eine weitere Möglichkeit, Mono(amidinato)komplexe zu synthetisieren. **HL5** (Abb. 8) ist einer der sehr sperrigen Vertreter unter ihnen. Erwartungsgemäß werden drei dieser Liganden um ein einziges Lanthanoidion herum kaum Platz finden. Hessen et al. zeigten kürzlich, dass mit **L5⁻** (und einem Verwandten) einfach substituierte Lanthankomplexe zugänglich sind [39]. Diese Autoren beschritten den Weg der Alkylabstraktion zur Einführung des Liganden:

Schema 15

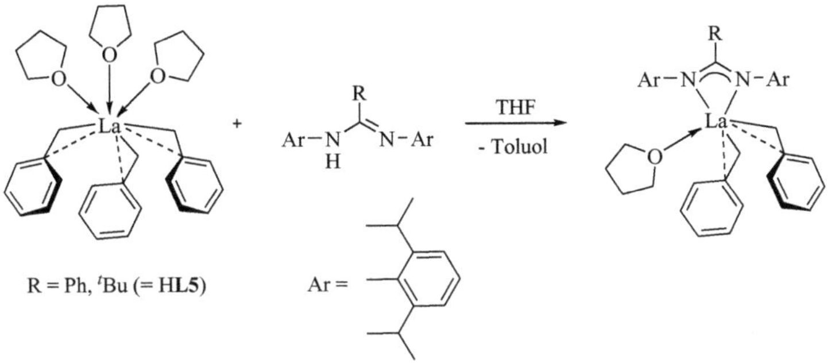

R = Ph, ^{t}Bu (= **HL5**)   Ar = 2,6-Diisopropylphenyl

Durch weitere Protolysereaktion mit [HNMe₂Ph][BPh₄] konnten die jeweiligen kationischen Lanthankomplexe erhalten werden [39, 54] (Schema 16). Im Vergleich liefern die einzelnen Strukturen einen guten Hinweis auf den höheren sterischen Anspruch von **L5⁻**, da in der entsprechenden Verbindung nur drei THF-Moleküle koordiniert sind.

Schema 16

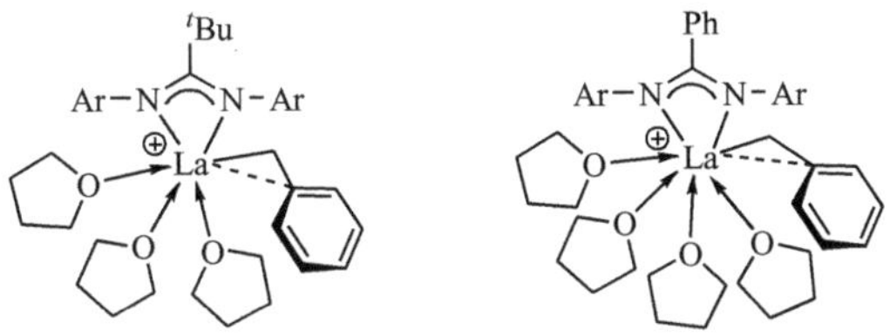

Mit dem Phenyl-substituierten Amidinatliganden (Schema 16) wurden weiterhin kationische Komplexe von Scandium, Yttrium, Neodym, Gadolinium und Lutetium realisiert [54].
In der Literatur sind mit **L5⁻** (Abb. 8) keine weiteren Lanthanoidverbindungen beschrieben. Hinweise darauf, dass aus sterischer Sicht Bis(**L5**)lanthanoidkomplexe potentiell zugänglich wären, liefern entsprechende Synthesemöglichkeiten für Aluminium- [48a], Zinn- [55] und Germaniumkomplexe [56] mit eng verwandten Ligandsystemen:

Schema 17

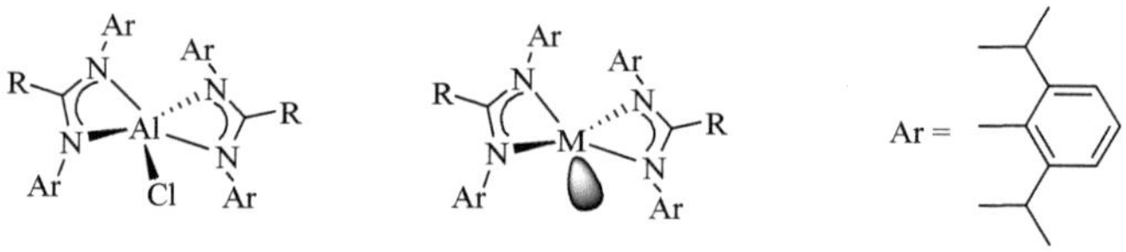

Ar =

R = H

M = Ge, R = H
M = Sn, R = Me

Obgleich für die Chemie der Lanthanoide gerade die sterische Absättigung für die Stabilität der Komplexe von entscheidender Bedeutung ist [33], lassen sich aber auch mit „kleineren" Liganden Mono(amidinato)komplexe synthetisieren. Durch Einführung von geeigneten Substituenten R und R' (Abb. 8) mit hohen positiven induktiven Effekten kann das stark positive Metallzentrum in Grenzen auch elektronisch stabilisiert werden [42]. Über Salzmetathese kann der Pivalamidinatligand **L2**$^-$ (Abb. 8) **einfach** in einen Yttriumkomplex eingebracht werden:

Schema 18

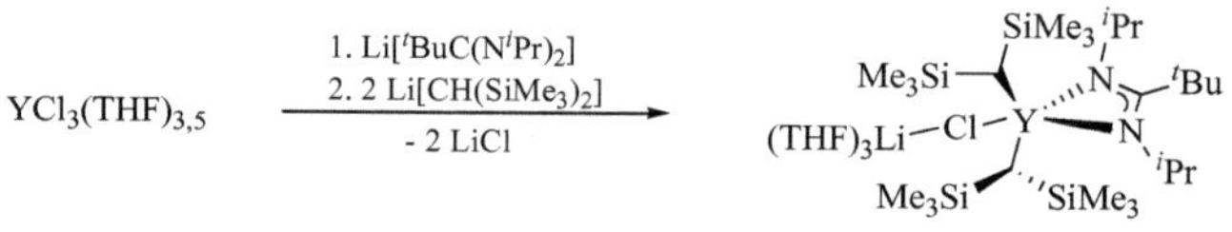

YCl3(THF)3,5
1. Li[tBuC(NiPr)2]
2. 2 Li[CH(SiMe3)2]
- 2 LiCl
(THF)3Li—Cl—Y

Die Röntgenstrukturanalyse zeigte die zusätzliche lineare Koordination von Lithiumchlorid (Abb. 11), in der an das Alkalimetall drei weitere THF-Moleküle gebunden sind. Dieses Phänomen zeigt sich häufig bei Lanthanoidkomplexen, in der die Koordinationssphäre des großen Lanthanoidions sterisch nicht genug durch die Liganden abgeschirmt ist [57]. Interessanterweise führten Syntheseversuche nach Schema 18 mit dem stärker raumerfüllenden Li[PhC(NSiMe$_3$)$_2$] nicht zum gewünschten Produkt. Dies ist ein deutlicher Hinweis darauf, dass in diesem Fall elektronische Effekte eine Rolle spielen.

Si4
C8
Si3
Si1
N1
Y
C1
C18
N2
Cl
Si2
O2
O1
Li
O3

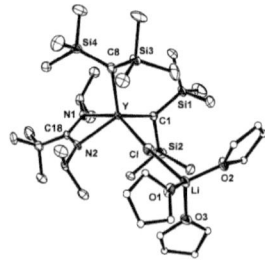

Abb. 11: Molekülstruktur von [**L2**]Y[CH(SiMe$_3$)$_2$]$_2$(μ-Cl)Li(THF)$_3$ [42]

Die sehr einfache Zugänglichkeit aus kommerziell erhältlichen Chemikalien macht gerade **L2**$^-$ zu einem sehr attraktiven Liganden. Insbesondere ist die Isolierung der Lithiumvorstufe nicht unbedingt notwendig. Auf der Suche nach neuen ALD-Precursoren realisierten Gordon et al. eine ganze Reihe von homoleptischen Amidinatokomplexen [58]. In allen Synthesen wurden die Lithiumamidinate *in situ* mit den entsprechenden Metallchloriden umgesetzt, unter ihnen auch mit $LaCl_3$:

Schema 19

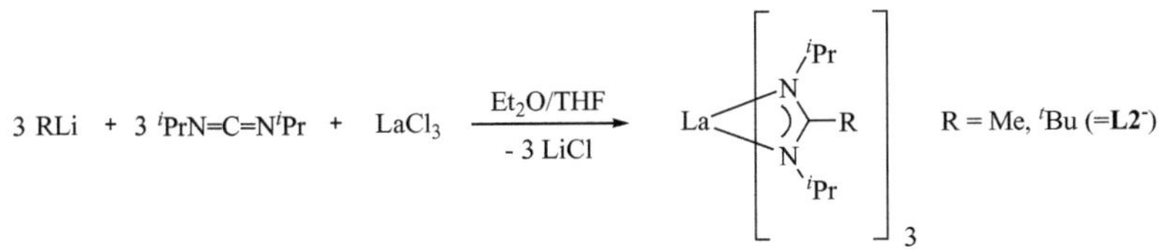

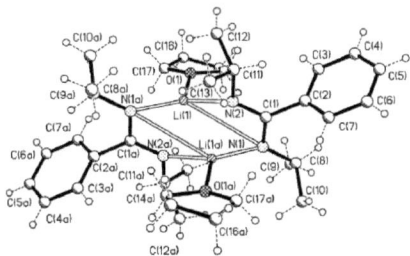

$$3\ RLi\ +\ 3\ ^{i}PrN=C=N^{i}Pr\ +\ LaCl_3\ \xrightarrow[-\ 3\ LiCl]{Et_2O/THF}\ \left[La\left\langle \begin{array}{c} N^{i}Pr \\ \\ N_{i}Pr \end{array} \right\rangle R \right]_3 \quad R = Me,\ ^{t}Bu\ (=L2^{-})$$

Auch für die Darstellung von (unter anderem) Lithium[N,N'-di(isopropyl)benzamidinat] (= Li**L3**, Abb. 8) wurde die Carbodiimidroute erfolgreich beschritten [28]. Trotz ihrer hohen Luft- und Feuchtigkeitsempfindlichkeit können diese Lithiumvorstufen in guten Ausbeuten und im Multigramm-Maßstab synthetisiert werden. Die Molekülstruktur des in dieser Arbeit verwendeten Li**L3**, aus THF/Toluol kristallisiert, zeigt einen dimeren Aufbau (Abb. 12). Ein Lithiumion ist an zwei Stickstoffatome einer NCN-Einheit, ein Stickstoffatom des gegenüberliegenden Amidinatliganden und ein Sauerstoffatom des THF-Moleküls gebunden. Die N_2Li_2-Einheit bildet ein planares Rechteck, und der gesamte Komplex hat eine Art Leiterstruktur.

Abb. 12: Molekülstruktur von $\{[\mathbf{L3}]Li(THF)\}_2$ [28]

Weitere Umsetzungen von Li[PhC(NR)$_2$] (R = c-C$_6$H$_{11}$, ^{i}Pr) mit Lanthanoidchloriden führten zu den entsprechenden homoleptischen Tris(amidinato)komplexen. Mit dem in dieser Arbeit verwendeten Liganden **L3**$^{-}$ wurde unter den Lanthanoiden lediglich [**L3**]$_3$Pr synthetisiert [28]:

Schema 20

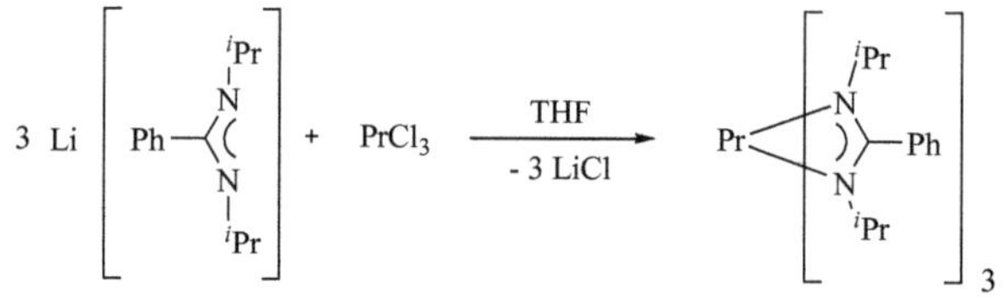

$$3\ Li\left[Ph-\underset{\underset{^iPr}{|}}{\overset{\overset{^iPr}{|}}{N}}\right] + PrCl_3 \xrightarrow[-3\ LiCl]{THF} \left[Pr-\underset{\underset{^iPr}{|}}{\overset{\overset{^iPr}{|}}{N}}\rangle-Ph\right]_3$$

Zur Synthese der freien Amidine eignet sich häufig die Darstellung der Lithiumamidinate und anschließende Hydrolyse. Eine Ausnahme ist das in Abb. 8 aufgeführte N,N'-Di(isopropyl)propiolamidin (HL4). Die vorhandene Dreifachbindung im Molekül sorgt für eine Hydrolyseempfindlichkeit und es ist damit über den beschriebenen Weg nicht zugänglich. Aufgrund der vielfältigen Einsatzmöglichkeiten von Propiolamidinen der Form R-C≡C-C(=NR')NHR', unter anderem als gutes Startmaterialien zur Synthese von Stickstoff- und Schwefel-enthaltenen Heterocyclen [59] und in biologischen und pharmazeutischen Anwendungen [60], besteht dennoch ein großes Interesse an der Synthese wohldefinierter Amidine dieser speziellen Form. Hou et al. beschrieben 2005 erstmals eine effektive Variante zur Darstellung von verschieden substituierten Propiolamidinen (unter ihnen auch HL4) auf katalytischem Wege [35]. Als Katalysatoren kamen verschiedene Lanthanoidalkylkomplexe (Ln = Y, Yb, Lu) zum Einsatz. Eingehender wurde der Katalysezyklus für einen Yttriumkatalysatorkomplex und die Bildung des mit HL4 eng verwandten N,N'-Di(*tert*-butyl)propiolamidins untersucht. Die Bildung eines Yttrium(propiolamidinato)komplexes ist ein Schlüsselschritt während der Katalyse:

Schema 21

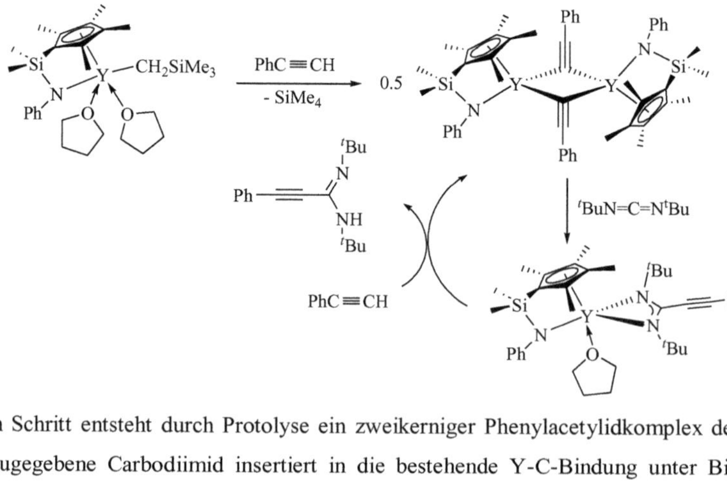

Im ersten Schritt entsteht durch Protolyse ein zweikerniger Phenylacetylidkomplex des Yttriums. Das hinzugegebene Carbodiimid insertiert in die bestehende Y-C-Bindung unter Bildung eines Mono(amidinato)komplexes. Durch das noch in der Reaktionslösung vorliegende substituierte

Acetylen erfolgt die Abspaltung des entsprechenden freien Propiolamidins und die Rückbildung des zweikernigen Yttriumkomplexes. Die Struktur des Amidinatokomplexes konnte auch röntgenografisch gesichert werden (Abb. 13). Trotz des großen Abstandes der *tert*-Butyl-Gruppen zum Phenylring ist eine Verdrehung des aromatischen Rings gegen die NCN-Einheit erkennbar. Die Liste der eingesetzten Katalysatoren auf Lanthanoidbasis und die damit synthetisierten Propiolamidine wurde seitdem ständig erweitert [61]. Unter ihnen ist auch (*E*)-HL4 [61a] (Abb. 13) zu finden. In diesem Fall sind die NCN-Einheit und der Phenylring nicht gegeneinander verdreht.

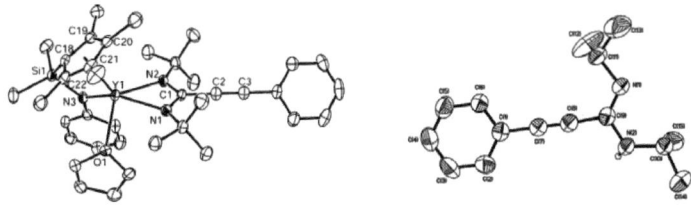

Abb. 13: Molekülstrukturen von $\{\eta^5\text{-}C_5Me_4[SiMe_2N(Ph)]\}Y[PhC\equiv CC(N^tBu)_2](THF)$ [35] und (*E*)-HL4 [61a]

Das Lithiumsalz LiL4 ist sehr einfach über die Metallierung von Phenylacetylen mit *n*-Butyllithium und anschließende *in situ* Reaktion mit *N,N'*-Di(isopropyl)carbodiimid zugänglich [62]:

Schema 22

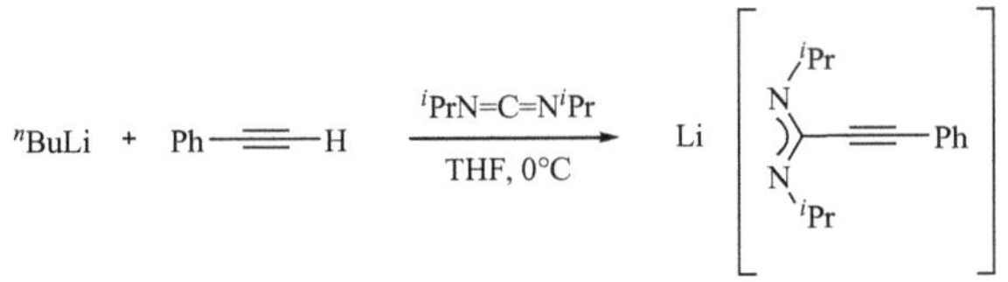

$$^n\text{BuLi} + \text{Ph}\text{−}\!\!\!\equiv\!\!\!\text{−H} \xrightarrow[\text{THF, 0°C}]{^i\text{PrN=C=N}^i\text{Pr}} \text{Li}\left[\begin{array}{c}^i\text{Pr}\\N\\\rangle\!\!\rangle\text{−}\!\!\!\equiv\!\!\!\text{−Ph}\\N\\^i\text{Pr}\end{array}\right]$$

Auch in diesem Fall konnten röntgenfähige Einkristalle des Lithiumamidinats aus THF erhalten werden [62] (Abb. 14). In seiner Molekülstruktur liegt es als Dimer vor und gleicht sehr dem $\{[\text{L3}]\text{Li(THF)}\}_2$ (Abb. 12) [28]. Es zeigt sich wieder eine Art Leiterstruktur und die Lithiumionen wirken verbrückend zwischen beiden Amidinatliganden. Interessanterweise ist auch hier wieder die Verdrehung der NCN-Einheit gegen den Phenylring zu beobachten.

Bis auf die oben beschriebenen Amidinatkomplexe mit diesem Liganden sind keine weiteren Lanthanoidverbindungen in der Literatur zu finden, insbesondere auch keine Tris(amidinato)komplexe.

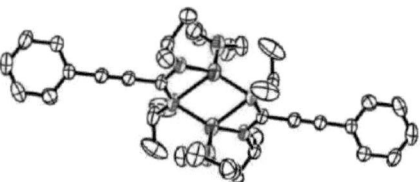

Abb. 14: Molekülstruktur von {[**L4**]Li(THF)}$_2$ [62]

Wie bereits erwähnt, ist **HL6** (Abb. 8) in der Literatur bisher völlig unbekannt. Das eingesetzte 1,2-Dicarba-*closo*-dodecaboran(12) (= *ortho*-Carboran) dient lediglich als sperriger Substituent im „Rückgrat" des Amidinatliganden. Durch die hohe Stabilität des Kohlenstoff-Bor-Käfigs gelingen zahlreiche Substitutionsreaktionen unter anderem am *ortho*-Carboran. Aufgrund des Elektronenmangelcharakters des Käfigs zeigt sich eine gewisse CH-Acidität, und Deprotonierungen können leicht mit Basen wie MeLi oder ^{n}BuLi durchgeführt werden [63]. Dabei fällt die Acidität vom *ortho*- über *meta*- bis zum *para*-Carboran ab. Die Lithiierung ist ein gängiges Mittel, um über anschließende Salzmetathese Substituenten einzuführen. Wird das *ortho*-Carboran lithiiert, so kommt es zu Disproportionierungsreaktionen, was die Isolierung von einfach substituierten Spezies erschwert [64]:

Schema 23

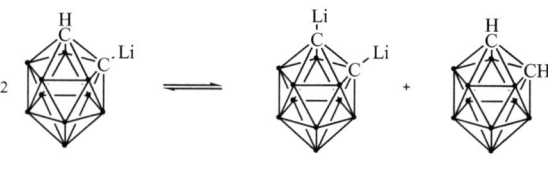

• = BH

Die Einführung von Schutzgruppen, wie etwa einer *tert*-Butyldimethylsilylgruppe, kann in solchen Fällen Abhilfe schaffen [65], um gezielt nur einen Substituent R einzuführen. Die Arbeitsgruppe um Xie zeigte jedoch, dass es in vielen Fällen ausgehend vom dilithiierten *ortho*-Carboran auch möglich ist, durch geschickte Wahl weiterer Reaktionspartner gezielt zu einfach substituierten Käfigen zu gelangen [66]. Beispielsweise koppelten sie auf diesem Wege eine Cyclopentadieneinheit über eine SiMe$_2$-Brücke an das *ortho*-Carboran [66a]:

Schema 24

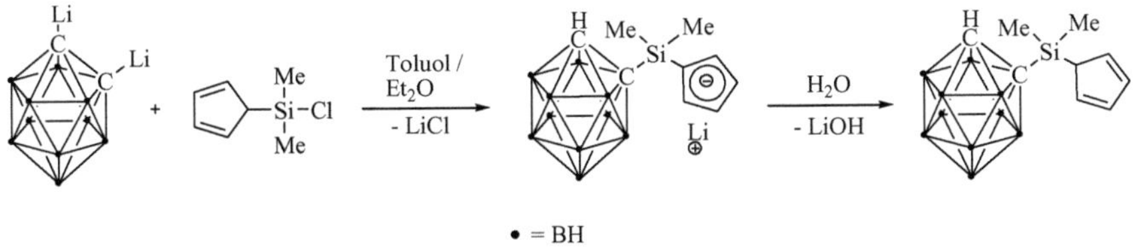

• = BH

Anschließende wässrige Aufarbeitung führte zu den gewünschten einfach substituierten Carboranderivaten. Sind hydrolyseempfindliche Gruppen im Molekül enthalten, kann beispielsweise mit Cyclopentadien [67a] oder Trimethylammoniumchlorid [67b] aufgearbeitet werden.

Bei allen diesen Reaktionen ist ein sehr gutes Monitoring über die ^{11}B-NMR-Signale realisierbar, da sich bereits bei kleinen Veränderungen im Molekül auch die Verschiebungen und insbesondere die Intensitätsverhältnisse der ^{11}B-Signale verändern [66, 67, 68].

Lanthanoidkomplexe mit *ortho*-Carboran(derivat)-enthaltenen Liganden sind auf sehr vielfältige Weise erhältlich. Erste Arbeiten stammen aus den frühen 1980iger Jahren, in denen teilweise über Salzmetathese und teilweise über Oxidation entsprechende Zielkomplexe erhalten worden [69]. So wurde beispielsweise die Synthese von dreiwertigen aber auch zweiwertigen Lanthanoidverbindungen beschrieben, in denen das Metall direkt an den Kohlenstoff des Käfigs gebunden ist [69a]:

Schema 25

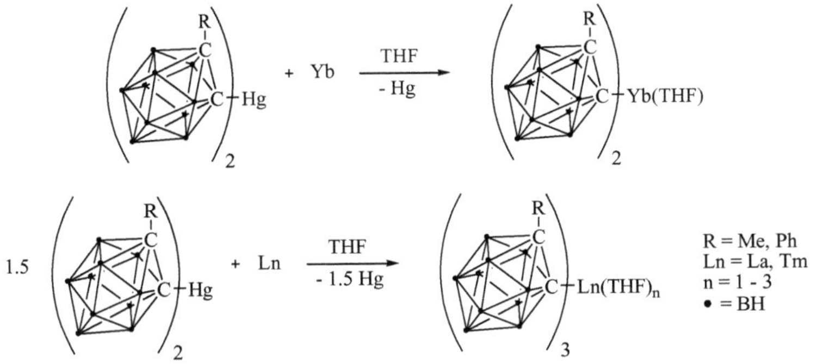

R = Me, Ph
Ln = La, Tm
n = 1 - 3
• = BH

Strukturell gesichert werden konnte keiner der Komplexe. Weitere Synthesen zeigten, dass ausgehend vom lithiierten *ortho*-Carboran und Umsetzung mit entsprechenden Lanthanoidhalogeniden auch Komplexe anderer stöchiometrischer Zusammensetzungen zugänglich sind [69b, c]. Allen beschriebenen Verbindungen ist die Eigenschaft gemein, dass die Metalle ausschließlich an den Käfig und nicht an die Peripherie des Substituenten gebunden sind.

In den sehr ausführlichen Untersuchungen zur Chemie von *ortho*-Carboranderivaten und seinen Ligandeigenschaften für Lanthanoide von Xie et al. sind die Metalle, wenn sie an das Kohlenstoffatom des Käfigs gebunden sind, auch bereits an der Seitenkette koordiniert. Man gelangt dabei in nahezu allen Synthesen über Salzmetathese an die Zielverbindungen, daher spielt der Grad der Alkalimetallierung des Eduktes eine Rolle. Das in Schema 24 gezeigte Produkt aufgreifend, kann dieses beispielsweise ein- oder zweifach metalliert werden, ohne dass sich der Käfig dabei öffnet (Schema 26). Wird das Produkt mit der dreifachen Menge Kalium umgesetzt, so kommt es zu einer Reduktion im Käfig und dieser öffnet sich.

Schema 26

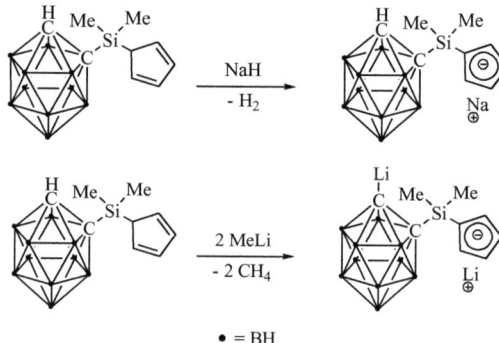

• = BH

Mit den einfach metallierten Liganden sind Lanthanoidkomplexe erhältlich, die je nach eingesetzter Stöchiometrie noch zwei oder nur noch einen Chloroliganden tragen [66a,c; 70; 71]. In vereinzelten Fällen kommt es wieder zur Ausbildung von chloro-verbrückten Alkalimetallchlorid-Addukten der Zielkomplexe [66d]. Dabei sind die Metalle immer nur über die Seitenkette gebunden. Die zweifach metallierten *ortho*-Carboranliganden bilden mit Lanthanoiden meist einen anionischen Komplex, in dem das Alkalimetallion als Gegenion fungiert [66a,c; 67; 71]. Beispielsweise wurde der in Schema 26 erhaltene dilithiierte Ligand folgendermaßen umgesetzt:

Schema 27

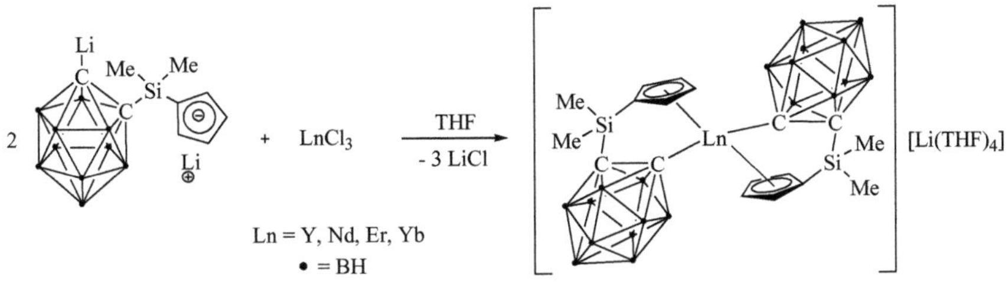

[Reaktionsschema: 2 [Carboran-C(Me)(Si)-Cp-Li] mit LnCl₃ in THF, −3 LiCl → Ln-Komplex [Li(THF)₄]; Ln = Y, Nd, Er, Yb; • = BH]

Der bisher einzige Cerkomplex wurde mit einem eng verwandten Liganden synthetisiert [71]:

Schema 28

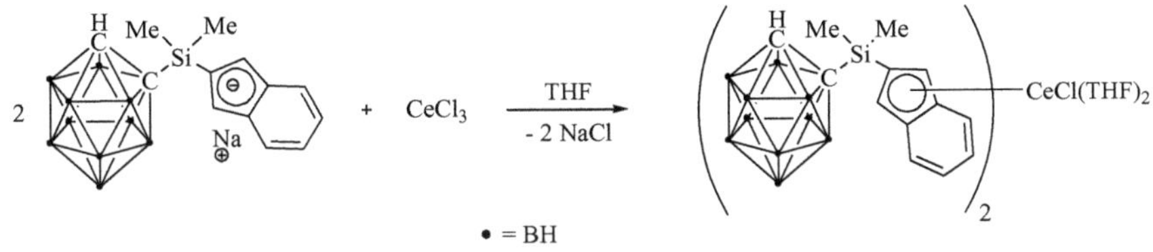

[Reaktionsschema: 2 [Carboran-CH(Me)(Si)-Indenyl-Na] + CeCl₃ in THF, −2 NaCl → {Carboran-Indenyl}₂CeCl(THF)₂; • = BH]

Wie ersichtlich, ist das Cer nicht an das Kohlenstoffatom des Käfigs gebunden. Ein solches Beispiel ist bisher auch in der Literatur nicht zu finden.

2.2. Tripodale Schiff-Basen-Komplexe der Lanthanoide und enge Verwandte

Aufgrund ihrer großen Koordinationssphäre treten in Lanthanoidkomplexen eine Vielzahl von Koordinationszahlen auf [50b], angefangen bei zwei (z.b. Yb$\{C(SiMe_3)_3\}_2$ [50b]) bis hin zu 12 (z.B. La(18-Krone-6)(NO$_3$)$_3$ [50c]) finden sich für jeden der Fälle Beispiele in der Literatur. Im Vergleich zu den Übergangsmetallen können die 4f-Elemente damit in Verbindungen völlig andere Koordinationsweisen annehmen [72]. Neben einer Vielzahl von bekannten Lanthanoid-Komplexen der Form [Ln(bidentat)$_3$(unidentat)]$^{n+}$ [73] und [Ln(unidentat)$_7$] [50c] mit der Koordinationszahl 7, hat sich in den letzten Jahren der Einsatz von tripodalen Schiff-Basen-Liganden und deren eng verwandter, reduzierter Amin-Form (Abb. 15) als sehr erfolgreich erwiesen, um mit nur einem Liganden ein Ln^{3+}-Ion vollständig einzukapseln [18, 19, 23, 74-76].

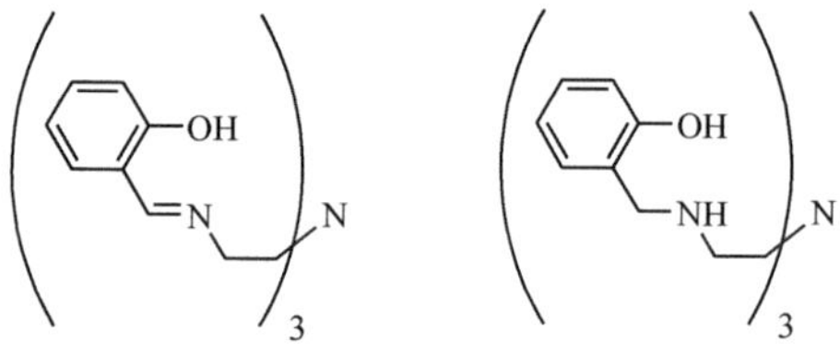

III   **IV**

Abb. 15: Grundkörper H$_3$Trensal (= *N,N',N''*-Tris(salicylidenamino)triethylamin) **III** und die reduzierte Amin-Phenol-Form **IV**

Durch den Einsatz von tripodalen Liganden besteht die Möglichkeit, das Metallzentrum sterisch gegen weitere Angriffe zu schützen, bei gleichzeitiger Realisierung relativ geringer Koordinationszahlen [77]. Weiterhin bieten die vielfältigen Varianten der Aromaten-Substitution in **III** und **IV** zusätzliche Möglichkeiten, Komplexe in bestimmten Lösungsmitteln besser verfügbar zu machen oder durch sterisch sehr anspruchsvolle Gruppen noch effektivere Abschirmungen zu erzielen.

Bereits 1968 wurde durch Broomhead et al. das potentiell siebenzähnige H$_3$Trensal durch Kondensation von Tris(2-aminoethyl)amin (= Tren) und Salicylaldehyd (= Sal) synthetisiert [78]. Dazu wurden eine wässrige Lösung von Tren und eine ethanolische Lösung von Sal vereint und unter Rückfluss gerührt:

Schema 29

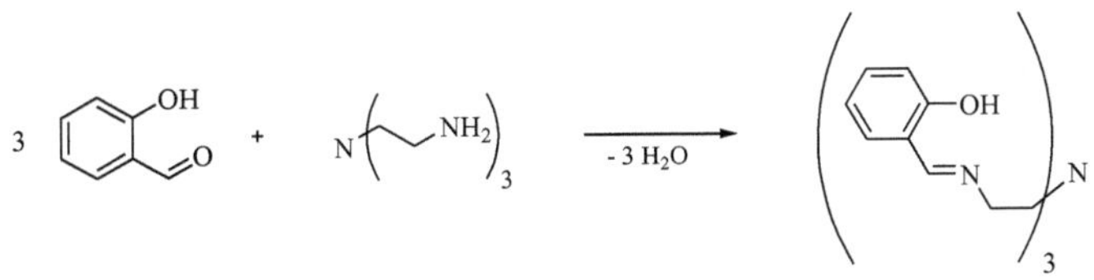

![Schema 29 reaction scheme showing 3 salicylaldehyde + tris(2-aminoethyl)amine → III + 3 H₂O]

III

Broomhead et al. orientierten sich bei ihrer Synthese an Arbeiten von Dwyer et al. von 1957, die durch Kondensation von Tris(2-aminomethyl)methan (= Tram) und Sal einen potentiell sechszähnigen Liganden (H_3Tramsal) darstellten [79]. Ziel des neuen Liganden von 1968 war es, durch die Einführung des Stickstoffs eine neue Koordinationsstelle in den Komplexverbindungen zu schaffen. Umsetzung von H_3Trensal mit wasserfreiem Eisen(III)-chlorid in Methanol führte zum ersten Metallkomplex der neuen Substanzklasse. Der entstandene rote Eisen(III)Trensal-Komplex kristallisiert mit einem halben Mol Wasser, und das Eisen(III)-Ion liegt im High-Spin-Zustand vor. Das Produkt konnte nicht über eine Röntgenstrukturanalyse charakterisiert werden. Broomhead et al. nahmen aber an, dass das Eisen(III)-Ion durch den Liganden siebenfach koordiniert wird (Abb. 16).

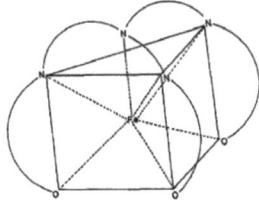

Abb. 16: Vermutete Koordinationsgeometrie des Eisen(III)Trensal-Komplexes nach Broomhead et al. [78]

1995 konnte durch Elerman et al. die Struktur des Eisen(III)Trensal-Komplexes aufgeklärt werden, in der bewiesen wurde, dass das Metall in dieser Verbindung nur sechsfach koordiniert wird [80] (Abb. 17).

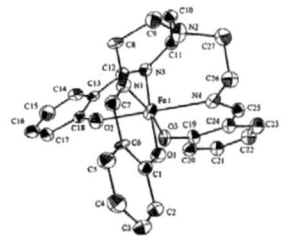

Abb. 17: Kristallstruktur von Fe(Trensal) [80]

Die bereits erwähnte größere Koordinationssphäre der Lanthanoide lässt erwarten, dass in vergleichbaren Komplexen der tertiäre Stickstoff des Liganden auch an das Metallzentrum koordiniert ist. Mit Ausnahme des Promethiums wurde seitdem die gesamte Reihe der 4f-Elemente erfolgreich mit diesem Liganden komplexiert [18-21]. Von jedem Komplex konnte die Röntgenstruktur ermittelt werden, und es zeigte sich ausnahmslos, dass alle Donoratome des Liganden an das Lanthanoid koordinieren. Exemplarisch zeigt Abb. 18 die Röntgenstruktur von Ce(Trensal). Die Koordinationsgeometrie um das Metall lässt sich als einfach überkappter, verzerrter Oktaeder beschreiben.

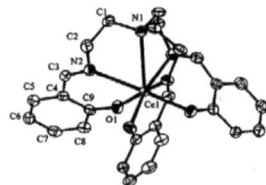

Abb. 18: Röntgenstruktur von Ce(Trensal) [18]

Prinzipiell wurden die Zielkomplexe auf drei verschiedenen Wegen erhalten. Bernhardt et al. setzten das entsprechende Lanthanoidnitrat in der ersten Stufe mit Sal und anschließend mit Tren in einer Eintopf-Synthese in Methanol um [18, 19]:

Schema 30

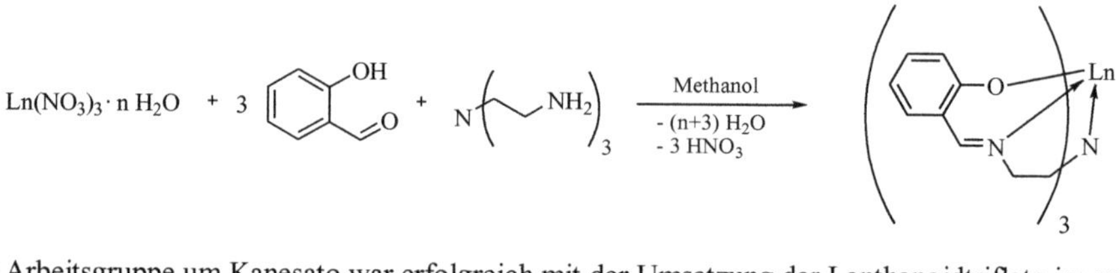

$$Ln(NO_3)_3 \cdot n\,H_2O + 3\,\text{Sal} + \text{Tren} \xrightarrow[- 3\,HNO_3]{\text{Methanol} \atop -(n+3)\,H_2O} [\text{Ln(Trensal)}]$$

Die Arbeitsgruppe um Kanesato war erfolgreich mit der Umsetzung der Lanthanoidtriflate im ersten Schritt mit Tren und im Anschluss mit Sal in Acetonitril [21] (Schema 31). Auch in diesem Fall wurden die Metallkomplexe in einer Eintopf-Synthese dargestellt.

Schema 31

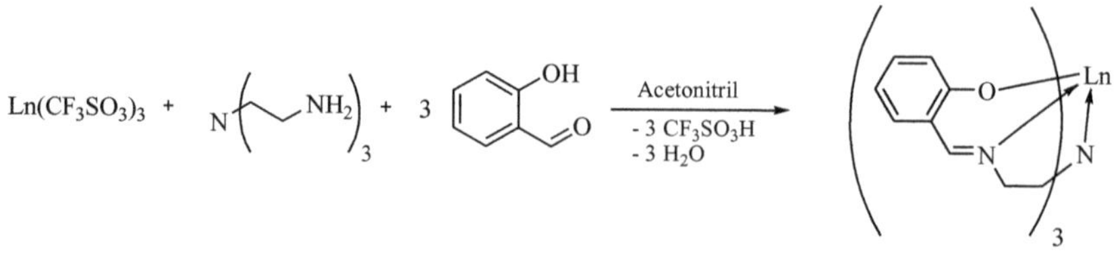

$$Ln(CF_3SO_3)_3 + \text{Tren} + 3\,\text{Sal} \xrightarrow[- 3\,H_2O]{\text{Acetonitril} \atop - 3\,CF_3SO_3H} [\text{Ln(Trensal)}]$$

Während bei den bisher angeführten Darstellungsvarianten eine Templat-gestützte Synthese zu den gewünschten Komplexen führte, setzten Costes et al. direkt H$_3$Trensal ein. Zur Deprotonierung des freien Liganden verwendeten Costes et al. CsOH in Methanol und gaben im Anschluss das entsprechende Lanthanoidnitrat dazu [20]:

Schema 32

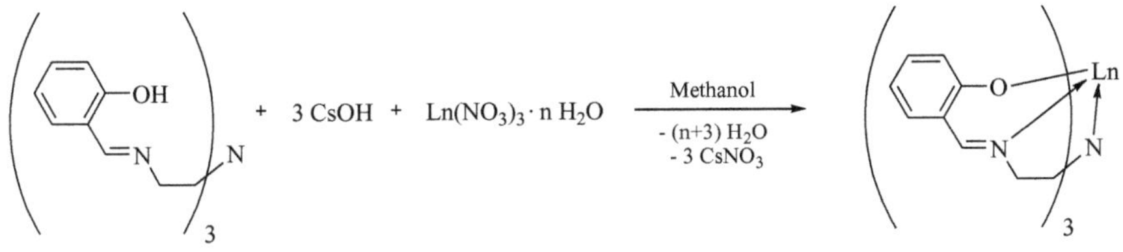

$$\left(\begin{array}{c}\text{OH} \\ \text{N} \quad \text{N}\end{array}\right)_3 + 3\,\text{CsOH} + \text{Ln(NO}_3)_3 \cdot n\,\text{H}_2\text{O} \xrightarrow[\substack{-(n+3)\,\text{H}_2\text{O} \\ -3\,\text{CsNO}_3}]{\text{Methanol}} \left(\begin{array}{c}\text{O}-\text{Ln} \\ \text{N} \quad \text{N}\end{array}\right)_3$$

III

Interessanterweise wurden die Komplexe nach Abschluss der Synthese unter anderem mit Wasser gewaschen, obwohl mehrfach in der Literatur auf die Hydrolyseempfindlichkeit der Imin-Einheit hingewiesen wurde, insbesondere bei koordiniertem Metall [19, 81-83]. Scheinbar eignet sich zur Verhinderung dieses Phänomens der Einsatz des oben erwähnten CsOH. Die Rolle des Cäsiums bleibt dabei unklar [84].

Der Einsatz der Base ist auch aus einem anderen Grund von entscheidender Bedeutung. Wird die Umsetzung ohne das Hydroxid durchgeführt, also nur freier Ligand und Lanthanoidnitrat, so führt dies zu völlig neuen Strukturen. Das H$_3$Trensal bleibt in diesem Fall protoniert und fungiert als neutral geladener Ligand, und drei Nitrat-Ionen dienen als Gegenionen [20]:

Schema 33

$$\text{Ln(NO}_3)_3 \cdot n\,\text{H}_2\text{O} + \text{H}_3\text{Trensal} \xrightarrow[-n\,\text{H}_2\text{O}]{\text{Methanol}} \text{Ln(H}_3\text{Trensal)(NO}_3)_3$$

Ln = La (n = 5), Pr und Eu (n = 4)

Röntgenfähige Einkristalle der Zielkomplexe konnten nicht erhalten werden, aber bereits in einer Veröffentlichung von 1988 wurden mit dem eng verwandten Liganden H$_3$Trac (= *N,N',N''*-Tris(3-aza-4-methylhept-4-en-6-on-1yl)triethylamin) die beiden Koordinationstypen **A** und **B** (Abb. 19) erstmals entdeckt, und für das Gadolinium konnte der Typ **B** auch über eine Röntgenstruktur aufgeklärt werden [85]. Das Metall ist nur über die Sauerstoffatome an den Liganden gebunden, und der Koordinationspolyeder entspricht einem dreifach überkappten, dreiseitigen Prisma.

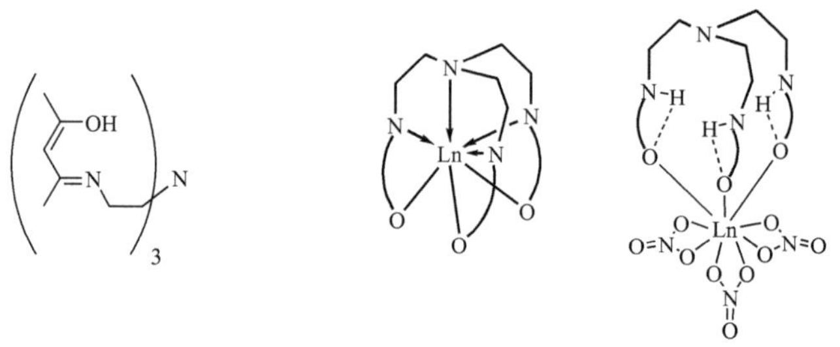

H₃Trac   Koordinationstyp **A**   Koordinationstyp **B**

Abb. 19: Der freie Ligand H₃Trac und die mit diesem Liganden gefundenen Koordinationstypen (schematische Darstellung des triopalen Liganden bei **A** und **B**)

Gd(H₃Trac)(NO₃)₃ (Abb. 20) wurde analog Schema 33 synthetisiert, aber in Acetonitril als Lösungsmittel. Es wird deutlich, dass bei direktem Einsatz des freien Liganden und des Lanthanoidnitrats in der Synthese eine Deprotonierung notwendig ist, um einen Metallkomplex des Koordinationstyps **A** zu erzwingen. Andernfalls kommt zum tragen, dass die Lanthanoide entsprechend dem HSAB-Konzept sich nur die härtere Base, also die Sauerstoffatome des Liganden und des Nitrats, als alleinigen Bindungspartner suchen und die Stickstoffatome als interne Base für die Protonen der Hydroxylgruppe fungieren [86].

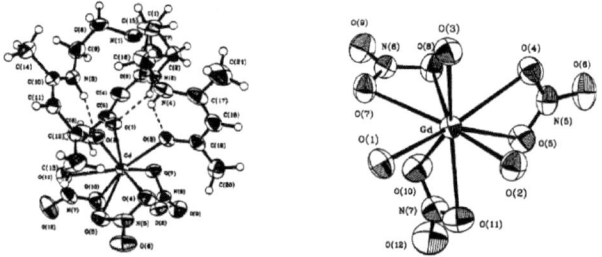

Abb. 20: Molekülstruktur von Gd(H₃Trac)(NO₃)₃ und die Koordinationsumgebung des Metalls [85]

Wird das Lanthanoidnitrat in der Synthese gegen Chlorid [85, 87], Triflat [74, 88] oder Silylamid [82, 22] ersetzt, ist es auch ohne Zusatz von Base möglich, zu Komplexen des Typs **A** zu gelangen. Die Abb. 21 und Tabelle 1 zeigen eine Übersicht der eingesetzten Liganden und Lanthanoide.

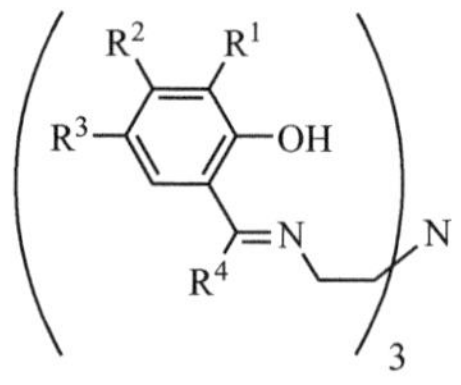

Abb. 21: Substitutionsmuster für H₃Trensal

Tabelle 1: H$_3$Trensal-Derivate, die ohne Einsatz von Base zum Koordinationstyp **A** umgesetzt worden

Ligand	Substituenten	Lanthanoide	Referenz
H$_3$L1	R^1 = ^{t}Bu, R^2 = R^3 = R^4 = H	La, Ce, Sm	[74]
H$_3$L2	R^1 = R^2 = R^3 = H, R^4 = Me	La, Pr, Sm, Yb	[82, 85]
H$_3$L3	R^1 = H, R^2 = R^3 = R^4 = Me	La, Sm, Yb	[82, 85]
H$_3$L4	R^1 = R^3 = Cl, R^2 = R^4 = H	La	[87]
H$_3$L5	R^1 = R^2 = R^4 = H, R^3 = Cl	Gd	[88]
H$_3$L6	R^1 = R^3 = ^{t}Bu, R^2 = R^4 = H	Sm, Nd	[22]

Orvig et al. reduzierten H$_3$Trensal und Derivate mit KBH$_4$ (Schema 34), um die Hydrolyseempfindlichkeit der Metallkomplexe zu senken [81].

Schema 34

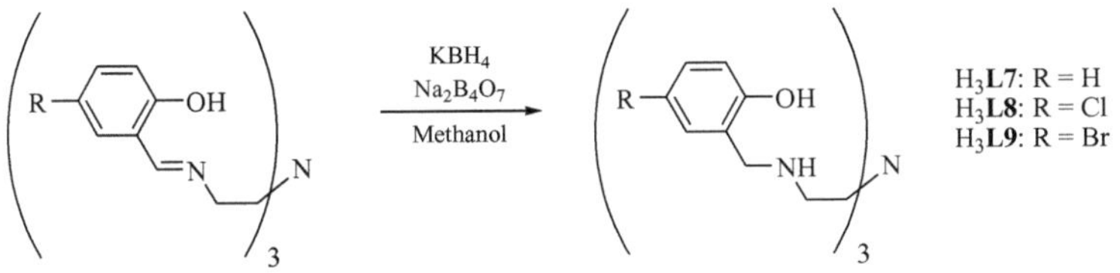

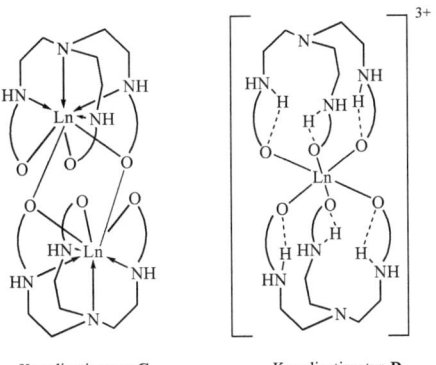

In Analogie zu den Umsetzungen der Schiff-Basen-Komplexe mit Lanthanoidnitraten (Schema 33), synthetisierten sie Komplexe des Typs **B** (Abb. 19) auch mit den Amin-Phenol-Liganden H$_3$L7 (Ln = Y, La, Nd, Gd, Dy), H$_3$L8 (Ln = La, Nd, Pr, Gd) und H$_3$L9 (Ln = La, Nd, Gd). Wird bei diesen Synthesen Natriumhydroxid zugegeben oder der Ligand im großen Überschuss eingesetzt, führt das zu neuen zweikernigen Komplexen des Koordinationstyps **C** (Abb. 22).

Abb. 22: Koordinationstypen für Lanthanoidkomplexe mit tripodalen Amin-Phenol-Liganden (schematische Darstellung der triopalen Liganden bei **C** und **D**)

Ein Jahr später fand wieder die Arbeitsgruppe um Orvig einen vierten Koordinationstyp **D** (Abb. 22) [89]. Auch in diesem Fall wurde ein reduziertes H₃Trensal-Derivat als Ligand verwendet (Abb. 23).

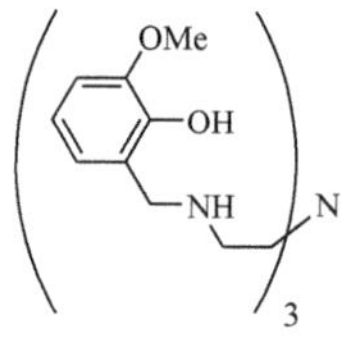

Abb. 23: Der von Orvig et al. eingesetzte Amin-Phenol-Ligand H₃**L10** [89]

Die Einführung der Methoxygruppe direkt neben der Hydroxygruppe führt erstens zu einer sterischen Hinderung, so dass zweikernige Komplexe des Typs **C** weniger zu erwarten sind. Zweitens werden damit drei potentielle neue Koordinationsstellen eingeführt. Umsetzungen von Lanthanoidnitraten mit H₃**L10** ohne Base führten, analog den Arbeiten von Costes et al. [20] (Schema 33), zu Komplexen des Typs **B**. Bei Zugabe von drei Äquivalenten Natriumhydroxid konnte keine Deprotonierung des Liganden beobachtet werden, sondern die Bildung von Komplexen des neuen Typs **D** (Schema 35). Einkristallröntgenstrukturanalysen letztgenannter Komplexe zeigten für Praseodym und Gadolinium, dass sie isostrukturell sind. Das Metall ist leicht verzerrt oktaedrisch von den Phenolat-Sauerstoffatomen umgeben, und eine Koordination der Methoxy-Gruppen liegt nicht vor (Abb. 24).

Schema 35

$$\text{Ln}(\text{NO}_3)_3 \cdot n\,\text{H}_2\text{O} + \text{H}_3\textbf{L10} \xrightarrow[-n\text{H}_2\text{O}]{} \text{Ln}(\text{H}_3\textbf{L10})(\text{NO}_3)_3 \cdot S \qquad (\text{Typ } \textbf{B})$$

$$\text{Ln}(\text{NO}_3)_3 \cdot n\,\text{H}_2\text{O} + \text{H}_3\textbf{L10} \xrightarrow[-n\text{H}_2\text{O}]{3\text{-}4\,\text{NaOH}} \left[\text{Ln}(\text{H}_3\textbf{L10})_2\right](\text{NO}_3)_3 \cdot S \qquad (\text{Typ } \textbf{D})$$

$$\text{Gd}(\text{NO}_3)_3 \cdot 6\,\text{H}_2\text{O} + \text{H}_3\textbf{L10} \xrightarrow[\substack{-9\text{H}_2\text{O} \\ -3\text{NaNO}_3}]{6\text{-}8\,\text{NaOH}} \text{Gd}(\textbf{L10}) \qquad (\text{Typ } \textbf{A})$$

S = H₂O, CH₃OH; Typ **B**: Ln = Pr, Nd; Typ **D**: Ln = Pr, Nd, Gd, Yb

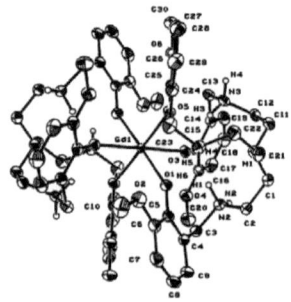

Abb. 24: Molekülstruktur von [Gd(H₃**L10**)₂]³⁺ [89]

In allen bisher aufgeführten Koordinationstypen **A** bis **D** ist das Metall gleichzeitig an alle drei „Arme" des Liganden gebunden. Die Arbeitsgruppe um Atwood erforschte mit Elementen der 13. Gruppe andere Stöchiometrien in Verbindung mit H$_3$Trensal [90]. Sie realisierten zwei weitere Arten von Komplexen (Koordinationstyp **E** und **F**, Abb. 25) mit tripodalen Schiff-Basen-Liganden, in denen das Metall (und Bor) entweder chelatartig über das Sauerstoff- und Stickstoffatom (Typ **E**) oder nur über das Stickstoffatom der Imin-Gruppe (Typ **F**) jeweils an nur einen „Arm" gebunden ist.

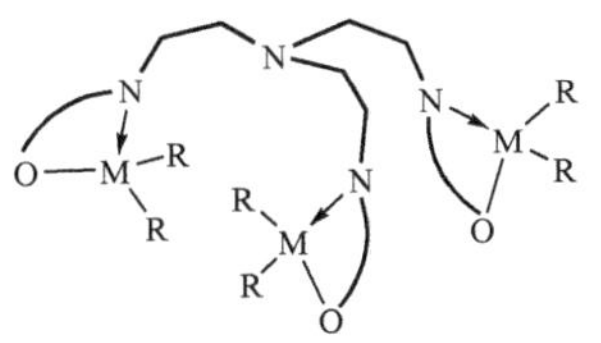

Koordinationstyp **E** 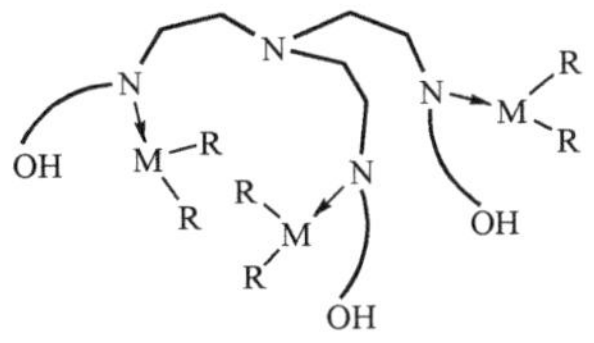 Koordinationstyp **F**

Abb. 25: Koordinationstypen **E** und **F**, gefunden von Atwood et al. [90]

Als Synthesewege für den E-Typ wurden hierfür 3 Äquivalente Metallalkoxid oder –alkyl mit dem freien Ligand H$_3$Trensal in Toluol umgesetzt (Schema 36). In allen Fällen konnte damit ohne den Einsatz einer zusätzlichen Base der Ligand deprotoniert werden.

Schema 36

$$3\,MR_3 + H_3\text{Trensal} \xrightarrow[-3HR]{\text{Toluol}} (MR_2)_3(\text{Trensal})$$

M = B: R = OMe, OEt, O^{n}Pr; M = Al: R = Me, Et, ^{i}Bu; M = Ga, In: R = Et

Mit dem Ziel, Trensal-Siloxid-Komplexe zu synthetisieren, setzten Atwood et al. die im ersten Schritt erhaltenen Bor- und Aluminiumverbindungen mit Triphenylsilanol um. Interessanterweise kam es bei diesen Synthesen zu einer Lewis-Säure-Base-Reaktion unter Substitution der Alkoxid- (bei Bor) bzw. Alkylliganden (bei Aluminium) und Protonierung des Trensal^{3-}. Die resultierenden Komplexe hatten die Form [M(OSiPh$_3$)$_3$]$_3$(H$_3$Trensal) (M = B, Al; Typ **F**). Für die Aluminiumverbindung war es möglich die Molekülstruktur zu bestimmen (Abb. 26).

Abb. 26: Molekülstruktur von [Al(OSiPh$_3$)$_3$]$_3$(H$_3$Trensal) [90]

Der Schwerpunkt dieser Arbeit liegt auf Umsetzungen eines *tert*-Butyl-substituierten Derivats des H$_3$Trensal. Es handelt sich dabei um das *N,N',N''*-Tris(3,5-di-*tert*-butylsalicyliden-amino)triethylamin (H$_3$Trendsal, Abb. 27).

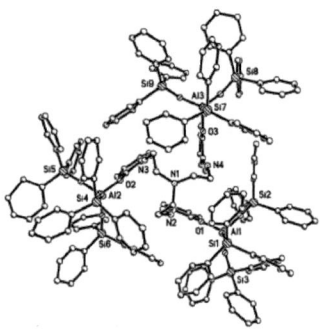

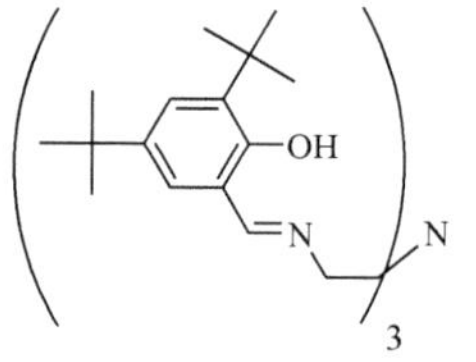

Abb. 27: *N,N',N''*-Tris(3,5-di-*tert*-butylsalicylidenamino)triethylamin (H$_3$Trendsal)

Durch den sehr hohen sterischen Anspruch von H$_3$Trendsal sind Komplexe der Koordinationstypen **B** bis **D** sehr unwahrscheinlich, da das Metallzentrum durch die großen Substituenten in hohem Maße von einer Seite her abgeschirmt wird. In der Tat wurden bisher auch nur Verbindungen des **A**-Typs beschrieben. Neben entsprechenden dreiwertigen Komplexen vom Indium [83], Samarium [22], Neodym [22] und Gadolinium [23] sind aus der Literatur zwei neuartige vierwertige Cer-Komplexe der Form Ce(Trendsal)Cl und Ce(Trendsal)NO$_3$ bekannt [11]. Die Synthesen erstgenannter Metallkomplexe erfolgten alle direkt mit dem freien Liganden:

Schema 37

$$InCl_3 + H_3Trendsal \xrightarrow[-3HCl]{THF, RF} In(Trendsal)$$

$$Ln[N(SiMe_3)_2]_3 + H_3Trendsal \xrightarrow[-3HN(SiMe_3)_2]{Toluol, Glasampulle} Ln(Trendsal)$$

$$Gd(NO_3)_3 \cdot 6H_2O + H_3Trendsal \xrightarrow[\substack{-3NaNO_3 \\ -9H_2O}]{\substack{CH_3OH/CHCl_3 \\ NaOH, RF}} Gd(Trendsal)$$

Ln = Sm, Nd

Die Ausbeuten bewegen sich im Bereich von 26% für Nd(Trendsal) bis 49% für Gd(Trendsal). Besonders erwähnenswert ist dabei die Umsetzung des Gadoliniumnitrats mit dem Liganden ohne Einsatz einer Base. Vergleichbare Syntheserouten [81, 85] zeigten alle das Entstehen eines Koordinationstyps **B**. Die Molekülstrukturen zeigen in allen Fällen, dass das Metall einfach überkappt, verzerrt oktaedrisch von den Donoratomen umgeben ist. Weiterhin erzwingt dieser Ligand eine siebenfache Koordination am Metall und kapselt es damit vollständig ein.

Die Chemie des vierwertigen Cers wird hauptsächlich dominiert von β-Diketonaten [91], Amiden [12, 13, 92] und O-Donor-Komplexen [16, 93]. Viele dieser Verbindungen, insbesondere die Amide, verlaufen über sehr empfindliche Cer(III)-Zwischenstufen und es bedarf einer anschließenden gezielten Oxidation mit dem Ziel definierter Endprodukte, wenn möglich mit einer guten Abgangsgruppe für weitere Synthesen. Durch Einsatz des erwähnten Trendsal^{3-} als Ligand in einer Templat-gestützten Synthese war es erstmalig möglich, Cer in der Oxidationsstufe +4 in solchen Systemen zu stabilisieren [11]. In einer bequemen Eintopf-Synthese (Schema 38), ausgehend von CeCl$_3$ beziehungsweise (NH$_4$)$_2$[Ce(NO$_3$)$_6$], lassen sich die entsprechenden Zielkomplexe in guten Ausbeuten isolieren.

Schema 38

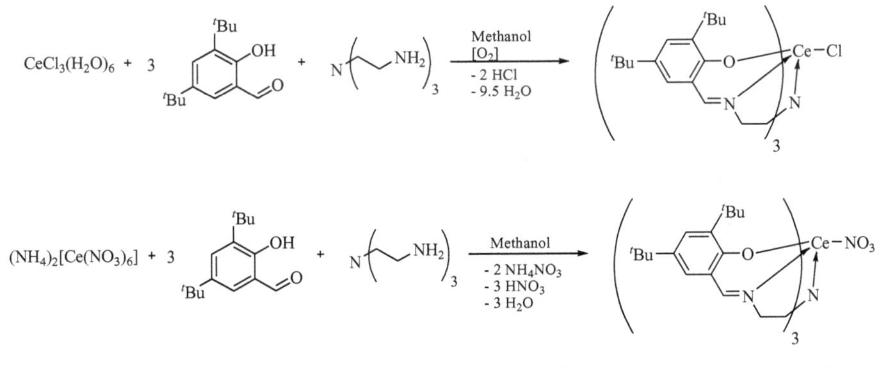

Die Synthesen wurden nicht unter Ausschluss von Sauerstoff und Feuchtigkeit durchgeführt und insbesondere in dem Fall, dass CeCl$_3$ als Edukt eingesetzt wurde, kam es durch den Luftsauerstoff zur gewünschten Oxidation zum Cer(IV). Bei CeTrendsalCl bleibt Cl als gute Abgangsgruppe im Komplex zurück, und über Salzmetathese sind potentiell neue Cer(IV)-Komplexe zugänglich.

Beide Produkte konnten durch Röntgenstrukturanalysen strukturell aufgeklärt werden (CeTrendsalCl in Abb. 28). Es wird deutlich, dass die großen *tert*-Butyl-Gruppen eine Koordination der Cl- und NO$_3$-Liganden von „unten" her verhindern. Die Bindung an das Metall erfolgt durch Auseinanderdrücken zweier „Arme" im Bereich der CH$_2$CH$_2$-Brücken. In temperaturabhängigen NMR-Studien konnte nachgewiesen werden, dass dieser Koordinationsmodus auch in Lösung vorliegt. Bemerkenswert ist außerdem, dass die Ce-Cl-Bindungslänge mit 2,793(1) Å signifikant länger ist als beispielsweise im Ce[N(SiMe$_3$)$_2$]$_3$Cl (2,597(2) Å) [13a], was das Chlorid zusätzlich zu einer sehr guten Abgangsgruppe macht.

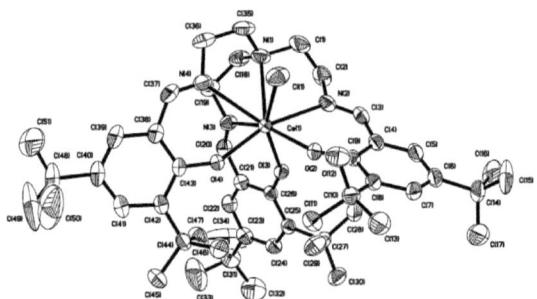

Abb. 28: Molekülstruktur von CeTrendsalCl [11]

2.3. Kationische Lanthanoidkomplexe

Seit einiger Zeit finden Lanthanoidkomplexe bei katalytischen Reaktionen verstärkte Beachtung [94, 95, 96]. Konkret ist dabei die Polymerisation von Ethen bzw. α-Olefinen zu nennen. So konnten unter anderem Lanthanoidkomplexe der Zusammensetzung $[Cp^*_2LnH]_2$ mit Ln = La, Nd, Lu erfolgreich als Katalysatoren eingesetzt werden. Auch der sterisch sehr anspruchsvolle $SmCp^*_3$-Komplex konnte in diesem Zusammenhang wirksam zum Einsatz gebracht werden [97, 98]. Weiterhin zeigten sich Yttriumkomplexe bei der Alkin-Dimerisierung als gute Katalysatoren [99]. Die aktiven Spezies sind dabei die Benzamidinatokomplexe $[PhC(NSiMe_3)_2]_2YCH(SiMe_3)_2$ und $\{[PhC(NSiMe_3)_2]_2Y(\mu\text{-H})\}_2$, die nach Zugabe eines Äquivalentes HC≡CR (R = H, Me, n-Pr, SiMe₃, Ph, CMe₃) in die entsprechenden dimeren Komplexe $\{[PhC(NSiMe_3)_2]_2Y(\mu\text{-C}\equiv CR)\}_2$ übergehen. Weitere Umsetzung mit Alkinen führt zur Ausbildung der Alkin-Dimere und Rückbildung der dimeren Komplexe.

In Erwartung noch größerer katalytischer Wirksamkeit (durch die höhere Elektrophilie), aber auch als sehr geeignetes Startmaterial für sonst schwer zugängliche Komplexverbindungen (z.B. $LnCp^*_3$: Ln = La, Ce [100]; Ln = Sm, Nd [101]; $[Cp^*_2Ce]_2(\mu\text{-}\eta^2\text{:}\eta^2\text{-}N_2)$ [102]) wurden in den letzten Jahren zahlreiche kationische Lanthanoidkomplexe synthetisiert, strukturell aufgeklärt und erfolgreich als Katalysatoren für verschiedenste Anwendungsgebiete eingesetzt (Ethen- und a-Olefin-Polymerisation [103], 1,3-Butadien-Polymerisation [104], intramolekulare Hydroaminierung [105] oder Alkin-Dimerisierung [106]). Neben einfach positiv geladenen Ln-Verbindungen wurden auch zweifach ([107] (Sm(II) und Yb(II)); [108] (Y, Lu)) und sogar dreifach ([109] Ln = La, Sm, Pr, Yb) positiv geladene Spezies isoliert. Aufgrund der großen Ionenradien gerade der frühen Lanthanoide sind viele kationische Komplexe sehr instabil. In einigen Fällen kommt es zur Stabilisierung durch anwesende Lösungsmittelmoleküle (z.B. THF, MeOH, MeCN) oder Hilfsliganden (z.B. Kronenether, Aza-Cycloalkane). Dennoch sind durchaus auch basenfreie Komplexe bekannt [100, 101, 102, 110, 111]. In den meisten Fällen sind dreiwertige kationische Komplexe vorherrschend, weniger häufig zweiwertige.

Lanthanoidkationen sind nach verschiedenen Syntheserouten zugänglich [112]. Dabei werden Protonolyse (Amide, Alkyle), Ligandabstraktion (Halogenid, Alkyl) und Oxidation am häufigsten verwendet [113]. Die wichtigsten Darstellungsmethoden, insbesondere in Bezug auf die Synthese der Cer-Kationen, sind:

I. Protonolyse: $LnR_3 + [NR'_3H][A] \xrightarrow{-HR, -NR'_3} [LnR_2][A]$

R = Alkyl, Amid, Cp$^{(*)}$; R' = H, Me, Et, n-Bu, Ph und A = [BPh$_4$]$^-$ (gemischte Zusammensetzungen bei R und R' möglich!)

Durch eine starke Brönstedt-Säure wird ein Ligand R aus dem Komplex entfernt und durch ein nicht koordinierendes Anion (z.B. [BPh$_4$]$^-$) ersetzt. Beispielsweise berichteten Anwander et al. 2008 von erfolgreichen Synthesen verschiedener Ln-N$_2$O$_2$-Schiff-Basen-Komplexen (Ln = La, Sc, Y), in denen ein Silylamid-Ligand durch Protonolyse aus den entsprechenden Verbindungen entfernt wurde [113]. Zum Einsatz kamen drei verschiedene Schiffbasen H$_2$*L* (Abb. 29):

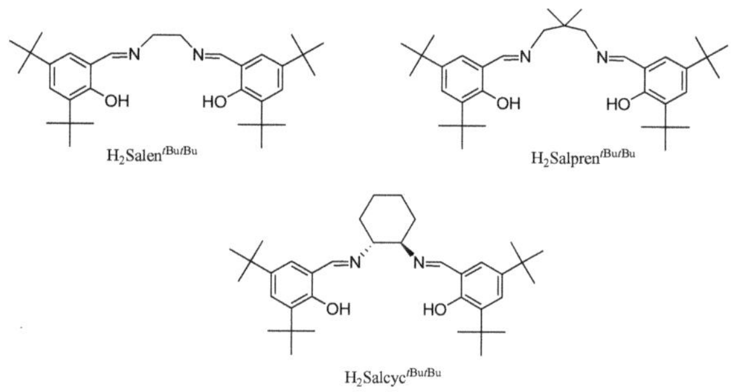

H$_2$Salen$^{tBu/Bu}$ H$_2$Salpren$^{tBu/Bu}$

H$_2$Salcyc$^{tBu/Bu}$

Abb. 29: Von Anwander et. al verwendete Schiffbasen-Liganden

Die Umsetzungen erfolgten in allen Fällen mit [NH$_4$][BPh$_4$]:

Schema 39

$$\textit{L}LnN(SiHMe_2)_2(THF)_n + [NH_4][BPh_4] \xrightarrow[-NH_3]{-HN(SiHMe_2)_2} [\textit{L}Ln(THF)_m][BPh_4]$$

Ln = Sc (n=0, m=2); Y und La (n=1, m=3)

Im Falle des Salen$^{tBu/Bu}$-Komplexes mit Lanthan konnte keine Verbindung isoliert werden. Der Grund dafür liegt in dem bereits oben angesprochenen großen Ionenradius der frühen Lanthanoide, so dass eine chelatisierende Bindung des Liganden in einigen Fällen nicht möglich ist [113]. Die hohe Elektrophilie des Metallzentrums führt vereinzelt auch zu einer η^n-Koordination eines oder mehrerer Phenylringe des [BPh$_4$]$^-$. Schaverien wies 1992 erstmalig ein solches Phänomen mittels NMR-Studien nach [111]. Im Zentrum des Interesses stand dabei der Komplex [LaCp*(CH(SiMe$_3$)$_2$][(η^n-Ph$_2$)BPh$_2$]. Wenige Jahre später konnte für [Cp$^*_2$Sm][BPh$_4$] dieses Phänomen durch Evans et. al auch strukturell bestätigt werden [101]. Der Zielkomplex wurde gemäß Schema 40 durch Protonolyse erhalten:

Schema 40

$$Cp_2^*SmCH(SiMe_3)_2 + [NEt_3H][BPh_4] \xrightarrow[\substack{-CH_2(SiMe_3)_2 \\ -NEt_3}]{Toluol} [Cp_2^*Sm][(\eta^2\text{-}Ph_2)BPh_2]$$

Abb. 30 verdeutlicht die jeweils zweifache Koordination zweier Phenylringe des Anions.

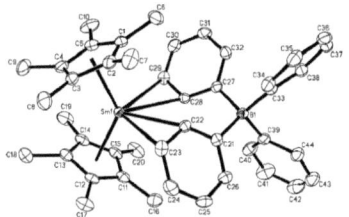

Abb. 30: Röntgenstruktur von [SmCp*$_2$][(η^2-Ph$_2$)BPh$_2$] [101]

Der gleiche Koordinationsmodus wurde 2005 auch von Evans et al. für die entsprechenden Lanthan-, Cer-, Praseodym- und Neodymkomplexe gefunden [100]. Die Verbindungen sind teilweise auf anderen Wegen als der Protonolyse zugänglich. Im Fall des Cers war eine Umsetzung in Benzol mit der bereits in Schema 40 verwendeten starken Brönstedt-Säure möglich:

Schema 41

$$Cp_2^*Ce(C_3H_5) + [NEt_3H][BPh_4] \xrightarrow[\substack{-C_3H_6 \\ -NEt_3}]{Benzol} [Cp_2^*Ce][(\eta^2\text{-}Ph_2)BPh_2]$$

Interessanterweise zeigte sich die sehr hohe Oxophilie des Cers in Verbindungen mit der Ausbildung eines kationischen Zentrums sehr deutlich. Für die Umsetzung in Benzol und die Kristallisation des Zielkomplexes aus Toluol mussten silylierte Reaktionsgefäße verwendet werden, da sonst die Bildung des zweikernigen [Cp*$_2$Ce]$_2$(μ-O) „in hohen Ausbeuten" nicht zu verhindern war.

Bereits Anfang der 1990iger Jahre konnte von Teuben et al. erstmalig ein kationischer Cer(III)-Komplex strukturell aufgeklärt werden [114]. Die beiden durchgeführten Umsetzungen erfolgten im Gegensatz zum oben genannten Syntheseweg in koordinierenden Lösungsmitteln (*S*) (THF, THT = Tetrahydrothiophen):

Schema 42

$$Cp_2^*CeCH(SiMe_3)_2 + [NEt_3H][BPh_4] \xrightarrow[\substack{-CH_2(SiMe_3)_2 \\ -NEt_3}]{S} [Cp_2^*Ce(S)_2][BPh_4]$$

In beiden Fällen kam es daher zur Absättigung der Koordinationssphäre durch Anlagerung jeweils zweier Lösungsmittelmoleküle (*S*). Das hat zur Folge, dass es in beiden Komplexen nicht zu einer Koordination eines oder mehrerer Phenylringe des Anions kommt. Für die THT-haltige Verbindung konnte dies zweifelsfrei mittels Röntgenstrukturanalyse nachgewiesen werden. In der Literatur wird dazu zwischen den „contact ion pairs" (CIP), wie in Schema 40 und Schema 41, und den „solvent-separated ion pairs" (SSIP), wie in Schema 42, unterschieden [115]. Demnach können, bedingt durch die hohe Elektrophilie des kationischen Metallzentrums, auch „nicht-koordinierende" Anionen durchaus über die Peripherie koordinieren. So ist die Wahl des Lösungsmittels bei der Synthese von „wirklich" separierten Ionenpaaren von entscheidender Bedeutung [100, 111, 114]. In vielen Fällen zeigt sich aber eine sehr komplexe Dynamik zwischen den CIP's und SSIP's [116, 117, 118].

Ein Beispiel für einen nicht-metallorganischen Kationenkomplex des Cers konnte durch Boucekkine und Mitarbeiter 2009 ebenfalls mittels Protonolyse synthetisiert werden [119]. Auch diese Umsetzung wurde in THF durchgeführt. Aufgrund der sterisch weniger anspruchsvollen Liganden $[BH_4]^-$ koordinieren 5 THF-Moleküle im Zielkomplex:

Schema 43

$$Ce(BH_4)_3(THF)_3 + [NEt_3H][BPh_4] \xrightarrow[-NEt_3 \cdot BH_3]{THF} [Ce(BH_4)_2(THF)_5][BPh_4]$$
$$\phantom{Ce(BH_4)_3(THF)_3 + [NEt_3H][BPh_4] \xrightarrow{THF}} {}_{-H_2}$$

Durch den Einsatz von 18-Thiakrone-6 konnten alle koordinierten Lösungsmittelmoleküle in der Koordinationssphäre des Cers substituiert werden und die Kristallisation aus THF/THT lieferte röntgenfähige Einkristalle von $[Ce(BH_4)_2(18\text{-Thiakrone-6})][BPh_4] \cdot C_4H_8S$ [119].

II. Salzmetathese: $\quad LnR_2X + MA \xrightarrow{-MX} [LnR_2][A]$

R = Alkyl, Cp(-Derivat); A = $[BPh_4]^-$, $[BF_4]^-$, $[Co(CO)_4]^-$; $[CpW(CO)_3]^-$; M = Alkalimetalle, Ag; X = Halogenid (gemischte Zusammensetzungen bei R und R' möglich!)

Die Triebkraft für die Salzmetathese liegt in der Bildung des unlöslichen Salzes MX, das aus dem Reaktionsgemisch ausfällt. Qian und Dormond et al. berichteten über die erfolgreiche Darstellung von kationischen *ansa*-Cp-Komplexen des Samariums und Ytterbiums, in denen das $[Co(CO)_4]^-$ als Anion fungiert [120]:

Schema 44

$$Cp'_2LnI + K[Co(CO)_4] \xrightarrow[-KI]{THF} [LnCp'_2(THF)][Co(CO)_4]$$

$$Cp' = C_5H_4(CH_2)_2OMe; Ln = Sm, Yb$$

Durch die Verwendung des speziell substituierten Cyclopentadienylliganden wird das Metallzentrum chelatisierend gebunden, und weiterhin kommt es zu einer zusätzlichen sterischen

Absättigung. Einkristall-Röntgenstrukturanalysen der Komplexe belegten zweifelsfrei die erfolgreiche Synthese.

Eine sehr vielversprechende Variante, das Metallzentrum gegen weitere Angriffe sterisch abzuschirmen, ist der Einsatz von tripodalen Liganden. Gleichzeitig besteht die Möglichkeit, dennoch geringe Koordinationszahlen zu realisieren, was ein wesentlicher Aspekt für die weitere Reaktivität des Komplexes ist. Insbesondere sind entsprechende Verbindungen sogar unter nichtfeuchtigkeitsempfindlichen Bedingungen synthetisierbar, selbst ohne Koordination von Lösungsmittelmolekülen. McCleverty und Ward et al. setzten in diesem Zusammenhang den Liganden Tris[3-(2'-pyridyl)pyrazol-1-yl]hydroborat (= PyTp) ein (Abb. 31) [121].

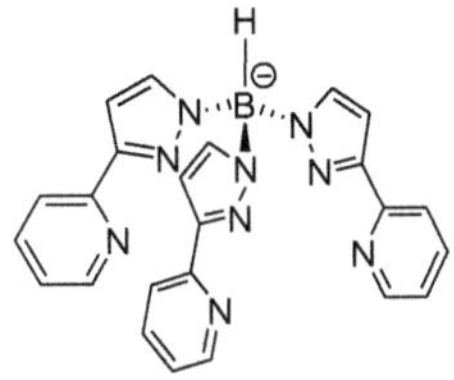

Abb. 31: Tris[3-(2'-pyridyl)pyrazol-1-yl]hydroborat-Anion

Durch Chloridabstraktion mit Natriumtetraphenylborat konnte ein kationischer Samariumkomplex erhalten werden:

Schema 45

$$Sm(PyTp)_2Cl + NaBPh_4 \xrightarrow[-NaCl]{Methanol/Wasser} [Sm(PyTp)_2][BPh_4]$$

Wie bereits erwähnt, bestimmt die Wahl des Lösungsmittels sehr häufig die strukturellen Koordinationsmodi in den Komplexen. Solche Effekte wurden durch Bruno et al. 1988 am Beispiel eines Cer-Wolfram-Komplexes näher untersucht [116]. Obwohl die erste Synthese in dem koordinierenden Lösungsmittel THF durchgeführt wurde, bildeten sich zwischen den Cer- und Wolframzentren Carbonylbrücken aus, und das System organisierte sich in einer 12-Ring-Anordnung (V in Schema 46). Eingehende Fluoreszenzmessungen zeigten, dass erst beim Lösen von V in Acetonitril eine Ligandabstraktion durch das Lösungsmittel erfolgt und das Ionenpaar tatsächlich getrennt vorliegt.

Schema 46

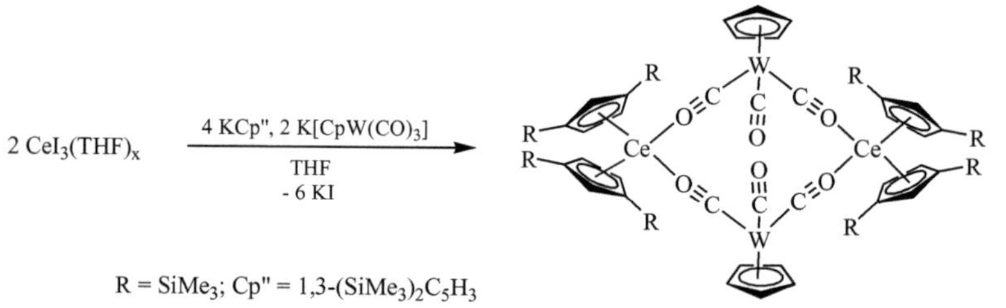

$$2\,CeI_3(THF)_x \xrightarrow[\text{THF}]{4\,KCp'',\,2\,K[CpW(CO)_3]} \text{[structure V]}$$
$$-6\,KI$$

R = SiMe$_3$; Cp'' = 1,3-(SiMe$_3$)$_2$C$_5$H$_3$

V

$$V \xrightarrow{\text{MeCN}} 2\left[Cp''Ce(MeCN)_x\right]\left[CpW(CO)_3\right]$$

Im weiteren Verlauf der Untersuchungen wurde **I** mit AgBF$_4$ umgesetzt (Schema 47). ^{19}F-NMR-Studien des Produktes bestätigten eine η^1-Koordination des Anions in Toluol. Auch bei diesem Komplex konnte durch Verwendung von THF und Acetonitril eine Separierung der Ionenteile erreicht werden [122].

Schema 47

$$V + 2\,AgBF_4 \xrightarrow[-2\,Ag[CpW(CO)_3]]{\text{Toluol}} 2\left[Cp''_2Ce\right]\left[(\mu\text{-F})BF_3\right]$$

III. *Oxidation:* $\quad LnR_2 \xrightarrow{Ox} [LnR_2][A]$

R = ArO$^-$, Cp*, I$^-$; Ox = AgBPh$_4$, Co$_2$(CO)$_8$; A = [BPh$_4$]$^-$, [Co(CO)$_4$]$^-$

In der Literatur wurden Oxidationsreaktionen entsprechend **III.** nur für divalente Lanthanoide beschrieben. Prinzipiell sind damit Samarium, Europium und Ytterbium potentielle Kandidaten für diese Syntheseroute.

In diesem Zusammenhang konnte von Evans et al. 1990 erstmalig ein kationischer Organosamariumkomplex strukturell aufklärt werden [123]. Dazu setzten sie das THF-Addukt des Bis(pentamethylcyclopentadienyl)samarium(II)-Komplexes mit Silbertetra-phenylborat um:

Schema 48

$$Cp^*_2Sm(THF)_2 + Ag[BPh_4] \xrightarrow[-Ag]{\text{THF}} \left[Cp^*_2Sm(THF)_2\right][BPh_4]$$

Im Gegensatz zu vielen kationischen Übergangsmetallkomplexen [124] verlieren die entsprechenden Lanthanoidkomplexe beim Erwärmen und im Vakuum nicht das koordinierte THF, auch nicht das in Schema 48 erwähnte Produkt. Der vergleichbare basenfreie Komplex ist, wie bereits in Schema 40 dargestellt, unter anderem durch Protonolyse zugänglich. Demzufolge muss also von Anfang an auf ein koordinierendes Lösungsmittel verzichtet werden. Ausgehend vom

Cp*$_2$Sm und Umsetzung in Toluol ist so auch durch Oxidation mit Ag[BPh$_4$] die erfolgreiche Synthese durch Evans et al. wenige Jahre später beschrieben worden [101].

Als Oxidationsmittel kann aber auch Co$_2$(CO)$_8$ eingesetzt werden. Auf diesem Wege konnte bereits 1985 ein dreiwertiger Samariumkomplex synthetisiert werden, der keine organischen Liganden trägt [125]. Vorteil dieser Variante ist, dass es so gut wie keine Nebenprodukte gibt:

Schema 49

$$2\,SmI_2 + Co_2(CO)_8 \xrightarrow{THF} 2\left[SmI_2(THF)_5\right]\left[Co(CO)_4\right]$$

Die in Schema 44 erwähnten Produkte sind ebenfalls auf diesem Wege zugänglich [120]. Interessanterweise sind in der Literatur bereits einige Beispiele zu finden, in denen dreiwertige Cerkomplexe auch durch Einwirkung starker Oxidationsmittel (O$_2$, Ag[BPh$_4$], Ag[BF$_4$]), nicht in entsprechende vierwertige Spezies überführt werden konnten [100, 122].

Schema 50

$$Cp^*_3Ce + AgBPh_4 \xrightarrow[-Ag]{Benzol} \left[Cp^*_2Ce\right][BPh_4] + 0{,}5\,Cp^*_2$$

Auch in der in Schema 50 dargestellten Synthese wird nicht das dreiwertige Cer oxidiert, sondern vielmehr der Ligand. Gründe dafür sind sicherlich, neben den unterschiedlichen Oxidationspotentialen der potentiellen Reduktionsmittel, in der sterisch sehr anspruchsvollen Konstitution zu suchen. Das bedingt eine sehr gute Abschirmung des Cers, so dass der Komplex die hohe sterische Überfrachtung sehr gut durch eine Ligandenelimierung vermindern kann.

2.3.1 Anwendungen von kationischen Cerkomplexen

Die Synthese von Cp*$_3$Ce stellt aufgrund der erwähnten hohen sterischen Beanspruchung durch die Liganden eine besondere Herausforderung dar. Auf bekannten Wegen war diese Verbindung lange Zeit nicht zugänglich. Die Arbeitsgruppe um Evans veröffentlichte 2005 erstmals eine Möglichkeit, von einem kationischen Cerkomplex ausgehend, dieses Ziel zu erreichen [100]:

Schema 51

$$\left[Cp^*_2Ce\right]\left[(\mu\text{-}Ph_2)BPh_2\right] + KCp^* \xrightarrow[-KBPh_4]{Benzol} Cp^*_3Ce$$

Neben der hohen Triebkraft durch das kationische Metallzentrum wurde in diesem Fall auch die Bildung des schwer löslichen Kaliumsalzes ausgenutzt und das System damit „doppelt" gezwungen, den gewünschten Zielkomplex auszubilden.

Seit vielen Jahrzehnten stehen die Aktivierung und damit auch die potentielle Nutzbarkeit von Distickstoff im zentralen Interesse der Chemiker. Besonderes Augenmerk gilt dabei

Metallkomplexen, die es vermögen, das kleine Molekül im ersten Schritt einbauen zu können. Die ersten beiden Distickstoffkomplexe des Cers konnten 2006 synthetisiert und strukturell aufgeklärt werden [102]. Das Pentamethylcyclopentadienyl-Derivat dieser Verbindung war ausschließlich über ein kationisches Edukt darstellbar:

Schema 52

$$\left[Cp_2^*Ce\right]\left[(\mu\text{-}Ph_2)BPh_2\right] + KC_8 \xrightarrow[-KBPh_4]{N_2, THF} \left[Cp_2^*Ce(THF)\right](\mu\text{-}\eta^2:\eta^2\text{-}N_2)$$

Zum Einsatz von kationischen Cerkomplexen als Polymerisationskatalysatoren finden sich in der Literatur im Vergleich zu den anderen Lanthanoiden nur wenige Anhaltspunkte. Kaita et al. berichteten 2006 von einer schwachen katalytischen Aktivität für die Polymerisation von Butadien [126]. Das verwendete [Cp*$_2$Ce][{μ-(C$_6$F$_5$)}B(C$_6$F$_5$)$_3$] wurde dabei *in situ* hergestellt und nicht weiter charakterisiert. Ein vielversprechenderes Einsatzgebiet konnte durch die Arbeitsgruppe um Molander im Jahr 2000 aufgezeigt werden [110]. Für eine Hetero-Diels-Alder-Reaktion kam wiederum der in Schema 51 und Schema 52 eingesetzte Komplex zum Einsatz:

Schema 53

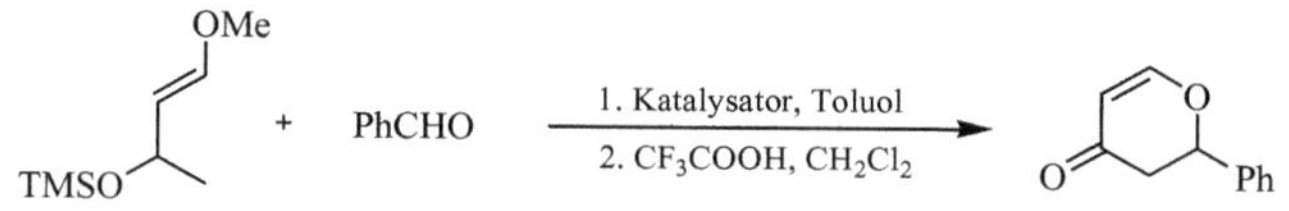

Der Katalysator wurde in einer Konzentration von 1 mol% eingesetzt und die Reaktion bei Raumtemperatur durchgeführt. Das Produkt konnte in einer Ausbeute von 93% isoliert werden.

3. Ergebnisse und Diskussion

3.1. Cer(III)-Amidinato- und Vergleichskomplexe

Alle Lanthanoidkomplexe, die in diesem Kapitel vorgestellt werden, wurden auf dem Weg der Salzmetathese synthetisiert. Die dazu benötigten Alkalimetallamidinate waren nach entsprechenden Literaturangaben zugänglich. Im Falle der Lanthanoidvertreter der Pivalamidinate kamen die Lithiumvorstufen *in situ* zum Einsatz. Das bisher einzige in der Literatur beschriebene Beispiel eines Alkalimetallpropiolamidinates (Lithiumspezies [62]) wurde durch das Kaliumderivat ergänzt und entsprechend weiter umgesetzt. Alle vorgestellten Cer(III)-Amidinatokomplexe stellen Edukte für weitere Oxidationsversuche dar, deren Ergebnisse im nächsten Kapitel behandelt werden.

3.1.1. (Anisonitril)tris[*N*,*N*'-bis(trimethylsilyl)-4-methoxybenzamidinato]cer(III) 1

Das zur Synthese benötigte Lithiumamidinat (Schema 54) wurde gemäß Literaturvorschrift synthetisiert [31]. Erste Versuche zur Darstellung von **1**, in denen das Lithiumbenzamidinat mit wasserfreiem Certrichlorid im Verhältnis 3:1 in siedendem THF zur Reaktion gebracht wurde, lieferten erstens relativ niedrige Ausbeuten von ungefähr 35%, und zweitens zeigten NMR-Untersuchungen, dass zusätzlich ein Anisonitril neben den drei Amidinatliganden an das Metallzentrum koordiniert war. Das Nitril stammt dabei aus Zersetzungsreaktionen des Liganden während der Synthese. Damit lassen sich auch die geringen Ausbeuten erklären. Überdies zeigten Reaktionen bei niedrigeren Temperaturen vergleichbare Ausbeuten. Aus diesem Grund wurde zusätzlich Anisonitril zum Reaktionsgemisch zugesetzt, wodurch es möglich war, die Ausbeute auf 70% zu steigern:

Schema 54

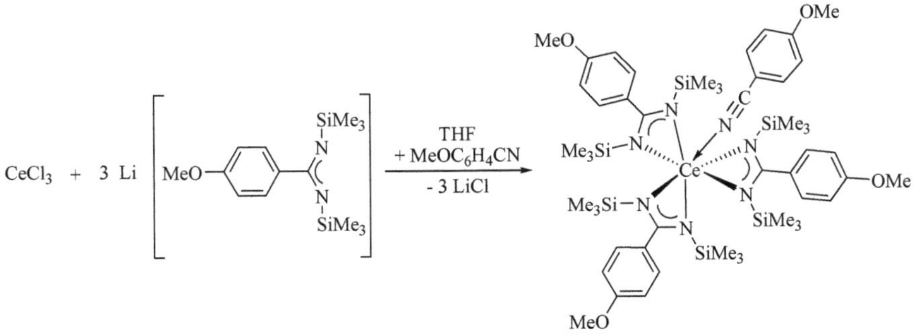

Durch Umkristallisation aus Pentan wurde die Verbindung **1** in Form von gelben, quaderförmigen Kristallen erhalten, die sich für eine Röntgenstrukturanalyse eignen. Der Komplex **1** ist gut löslich in üblichen Lösungsmitteln wie THF, Toluol und Pentan, so dass Pentan gut zur quantitativen Abtrennung des entstehenden Lithiumchlorids verwendet werden kann. Erwartungsgemäß ist das leuchtend gelbe Produkt extrem luftempfindlich [17, 127]. In Lösung zersetzt es sich bereits nach Bruchteilen von Sekunden bei Luftkontakt unter Braunfärbung. Der Schmelzpunkt liegt bei 190°C und damit deutlich über dem von [PhC(NSiMe$_3$)$_2$]$_3$Ce mit 108 °C [17].

Trotz des Paramagnetismus des Cer(III)-Ions konnten auswertbare NMR-Spektren erhalten werden. Die aromatischen Protonen der Amidinatliganden erscheinen als verbreiterte Singuletts bei 13.10 und 9.07 ppm und können eindeutig von denen des Nitrils bei 5.29 und 4.81 ppm unterschieden werden. Letztere zeigen eine Dublettaufspaltung mit einer Kopplungskonstanten von 8.0 Hz, die im erwarteten Bereich für *vicinale* Kopplungen aromatischer Protonen liegen [128a]. Insbesondere sind die Verschiebungen der Amidinatprotonen des Aromaten vergleichbar mit denen im [PhC(NSiMe$_3$)$_2$]$_3$Ce [17]. Interessanterweise zeigen die Protonen der Trimethylsilylgruppen nur ein breites Singulett bei -2.04 ppm, was auf eine hohe Dynamik dieser Gruppen bei Raumtemperatur im Molekül hinweist. Untermauert wird diese Aussage durch die Tatsache, dass im ^{29}Si-NMR-Spektrum auch nur ein Signal bei -3.95 ppm zu sehen ist. Eine weitere Tendenz zeigt sich bei allen vergleichbaren Protonensignalen der Amidinatliganden und des Nitrilliganden. Die Signale der Amidinatprotonen besitzen in jedem Fall eine stärkere Tieffeldverschiebung. Auch im ^{13}C-NMR-Spektrum konnten alle Kohlenstoffsignale mithilfe zweidimensionaler Spektren eindeutig den unterschiedlichen Ligandtypen zugeordnet werden. Überdies zeigt sich in guter Übereinstimmung mit den bisherigen Ausführungen nur ein Signal für die Kohlenstoffatome der Trimethylsilylgruppen. Markant tieffeldverschoben ist das Signal des Kohlenstoffatoms der NCN-Einheit bei 199.1 ppm zu finden.

Im IR-Spektrum sind die symmetrischen und asymmetrischen C-H-Streckschwingungen der Methylgruppen bei 2952 und 2897 cm^{-1} sichtbar [129a]. Darüber hinaus ist als sehr starke Bande bei 2239 cm^{-1} die C≡N-Schwingung identifizierbar [129b]. Die für Amidinate charakteristischen Banden der NCN-Einheit erscheinen bei 1651 und 1390 cm^{-1} [28]. Neben zahlreichen weiteren C-H-Schwingungen am Aromaten liegen die typischen Si-C-Streckschwingungen bei kleineren Wellenzahlen um 642 und 707 cm^{-1} [28].

Die relativ schwache Bindung des Nitrils zum Metall zeigt sich durch das Ausbleiben eines Molpeaks im MS-Spektrum und das Vorliegen eines Fragments mit erwartetem Isotopenmuster für [MeOC$_6$H$_4$C(NSiMe$_3$)$_2$]$_3$Ce$^+$. Weiterhin zeigen sich typische Fragmente, die durch sukzessive Abspaltung der Amidinatliganden entstehen, schließlich ist auch das freie Anisonitril nachweisbar.

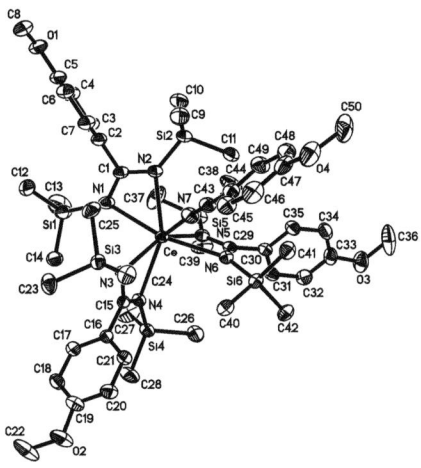

Abb. 32: Molekülstruktur von [*p*-MeOC$_6$H$_4$C(NSiMe$_3$)$_2$]$_3$Ce(NCC$_6$H$_4$OMe-*p*) **1**

Die Molekülstruktur von **1** (Abb. 32) beweist das monomere Vorliegen des Zielkomplexes, in dem das Metallzentrum stark verzerrt von sieben Stickstoffatomen umgeben ist. Vorarbeiten von Edelmann et al. zeigten, dass der sterische Anspruch des eng verwandten Liganden [(Me$_3$SiN)$_2$CPh]$^-$ zwischen dem von Cp und Cp* liegt und damit auch nur noch sterisch weniger anspruchsvolle Liganden in der Lage sind, zusätzlich in homoleptischen Tris(amidinat)komplexen an das Metallzentrum zu koordinieren [28]. Dieses Resultat wird durch die Einkristallstrukturanalyse von **1** bestätigt. Die CeNCN-Einheiten sind nahezu planar, und die mittleren Ce-N-Bindungslängen von 2.538 Å sind geringfügig länger als die entsprechenden Bindungen in Cer(III)-Amidinatokomplexen ohne koordiniertes Nitril [130, 131], was auf einen stärkeren sterischen Anspruch im Komplex schließen lässt. Unterstützt wird diese Tatsache durch die relativ großen Differenzen der Bindungslängen innerhalb der CeNCN-Einheiten von 0.07 bis 0.09 Å. Der Wert von 2.714(2) Å für Ce-N$_{Nitril}$ zeigt deutlich die koordinative Bindung zum Anisonitril, was in guter Übereinstimmung zu den massenspektroskopischen Beobachtungen steht. Die ermittelten NCeN-Winkel im Bereich von 53.56(7) bis 53.77(7)° liegen im für Lanthanoidamidinatkomplexe üblichen Bereich [33]. Die NCN-Ebenen sind jeweils um 71.9, 73.7 und 74.7° gegen den Phenylring des gleichen Liganden gedreht.

3.1.2. Tris[*N,N'*-bis(isopropyl)benzamidinato]cer(III) 2

Wie erwähnt, wurde **2** auch über Salzmetathese synthetisiert. Das benötigte Lithiumedukt (Schema 55) ist nach Literaturvorschrift einfach und in großen Ausbeuten zugänglich [28]. Nachfolgendes Schema 55 zeigt die Darstellung von **2** und **4**:

Schema 55

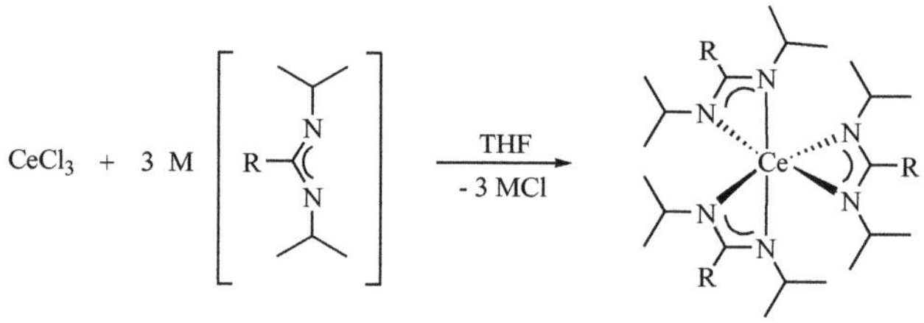

$$CeCl_3 \;+\; 3\;M \left[R-\!\!\!\overset{N}{\underset{N}{\diagdown\!\!\diagup}}\!\!\! \right] \;\xrightarrow[-3\;MCl]{THF}\; \text{[Ce-Amidinat-Komplex]}$$

2: M = Li, R = Ph
4: M = K, R = C≡CPh

Der homoleptische Komplex **2** ist sehr gut löslich in den üblichen Lösungsmitteln wie THF, Toluol und Pentan. Die Aufarbeitung erfolgte durch Abtrennung von LiCl in Pentan und lieferte das Cer(III)-Amidinat in einer Ausbeute von 67%. Das Produkt kristallisierte bereits beim Entfernen des Lösungsmittels aus. Die Reinigung war damit sehr einfach, und röntgenfähige Einkristalle wurden durch Abkühlen einer gesättigten Pentanlösung auf Raumtemperatur erhalten. Wie bei **1** und anderen bekannten Cerkomplexen [17, 127] ist auch dieses Amidinat sehr oxidationsempfindlich und zersetzt sich in Lösung bei Luftkontakt sehr schnell zuerst unter Blaufärbung und anschließend unter Braunfärbung. Trotz der geringeren Molmasse liegt der Schmelzpunkt mit 213 °C noch über dem von **1**.

Auch für diese Verbindung war es möglich, auswertbare NMR-Spektren zu erhalten. Entgegen der Resultate für **1**, sind für **2** Protonenarten am Phenylring Kopplungen zu verzeichnen. Zum ersten erscheint das Dublett der *ortho*-Protonen bei 12.9 ppm mit einer Kopplungskonstanten von 4.7 Hz, und zweitens lässt sich das Triplett bei 8.7 ppm, mit einer Kopplungskonstaneten von 7.4 Hz, den *para*-Protonen zuordnen. Sie liegen damit wieder im erwarteten Bereich für aromatische Protonen [128a]. Für die Protonen am tertiären Kohlenstoff der Isopropylgruppe wurde keine Aufspaltung gefunden. Auch für **2** zeigen sich die 36 Protonen der Methylgruppen als ein einziges breites Signal bei -3.29 ppm. Im ^{13}C-NMR-Spektrum lässt sich das Signal bei 22.6 ppm den Kohlenstoffatomen der Methylgruppen zuordnen. Etwas schwächer tieffeldverschoben als bei **1** zeigt sich das Signal des Kohlenstoffatoms der NCN-Einheit bei 186.9 ppm.

Neben den typischen symmetrischen und asymmetrischen C-H-Streckschwingungen bei 2957 und 2888 cm^{-1} der Methylgruppen [129a] und den C-H- beziehungsweise C-C-Ringschwingungen bei

1600, 1578, 1166 und 700 cm^{-1} [129c], lassen sich im IR-Spektrum wieder leicht die NCN-Schwingungen bei 1636 und 1374 cm^{-1} identifizieren [28].

Das Massenspektrum weist den Molekülpeak mit 40% Intensität und erwartetem Isotopenmuster auf. Fragmentpeaks bei *m/z* 546.3 und *m/z* 203.2 lassen sich den Bruchstücken zuordnen, die unter Ligandabspaltung entstehen. Zudem ist das Zersetzungsprodukt „HNCPh" des Liganden mit hoher Intensität im Spektrum sichtbar und bestätigt bereits frühere Beobachtungen [28].

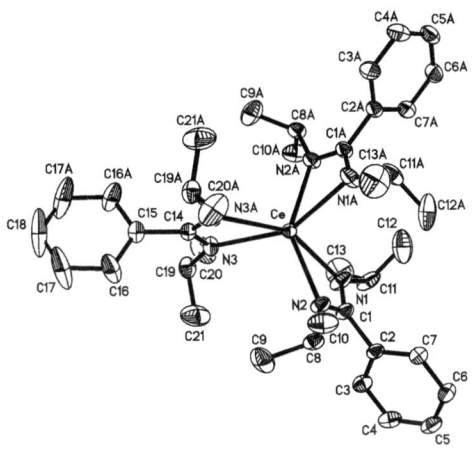

Abb. 33: Molekülstruktur von [PhC(N^{i}Pr)$_2$]$_3$Ce **2**

Die Molekülstruktur von **2** stellt den ersten strukturell gesicherten homoleptischen Lanthanoidtris(amidinato)komplex dieses Liganden dar und bestätigt das monomere Vorliegen des Komplexes. Das Metallzentrum ist in Form eines stark verzerrten Oktaeders von den Stickstoffatomen der Amidinatliganden umgeben. Überdies ist das Molekül symmetrisch. Entlang der Atome C18-C15-C14-Ce verläuft eine *C2*-Symmetrie-Achse. Wie bei **1** sind die CeNCN-Einheiten nahezu planar. Das Fehlen eines zusätzlich koordinierten Anisonitrilliganden und der geringere sterische Anspruch der Amidinatliganden führen zu einem im Vergleich zu **1** kürzeren mittleren Ce-N-Abstand von 2.487 Å. Die NCeN-Winkel im Bereich von 53.95(5) bis 54.11(7)° stehen in guter Übereinstimmung mit den Literaturdaten für Lanthanoid-Amidinatokomplexe [28, 33, 131]. Die Diederwinkel zwischen den NCN-Ebenen und den Phenylringen betragen jeweils 73.3 und 87.9°.

3.1.3. Kalium-*N,N'*-bis(isopropyl)propiolamidinat 3 und Tris[*N,N'*-bis(isopropyl)-propiolamidinato]cer(III) 4

Wie bereits erwähnt, wurde von Brown et al. [62] das Lithium-*N,N'*-bis(isopropyl)propiol-amidinat als einziger Alkalimetallvertreter dieses Liganden nach der Carbodiimidroute synthetisiert und strukturell aufgeklärt. Auf gleichem Wege war durch Umsetzung von Kaliumphenylacetylid und *N,N'*-Di(isopropyl)carbodiimid die entsprechende Kaliumverbindung in moderaten Ausbeuten zugänglich. Das Startmaterial KC≡CPh wurde nach einem modifizierten, literaturbekannten Syntheseweg erhalten [132]. Die Reaktion eines leichten Überschusses an Phenylacetylen mit Kaliumhydrid in THF, lieferte das Acetylid in nahezu quantitativer Ausbeute. Die Darstellung des Kaliumamidinats wurde hingegen in DME durchgeführt, da sich nach Filtration das Produkt als dimeres DME-Addukt direkt aus der Reaktionslösung in Form kräftig gelber, quaderförmiger Kristalle isolieren ließ (Schema 56).

Schema 56

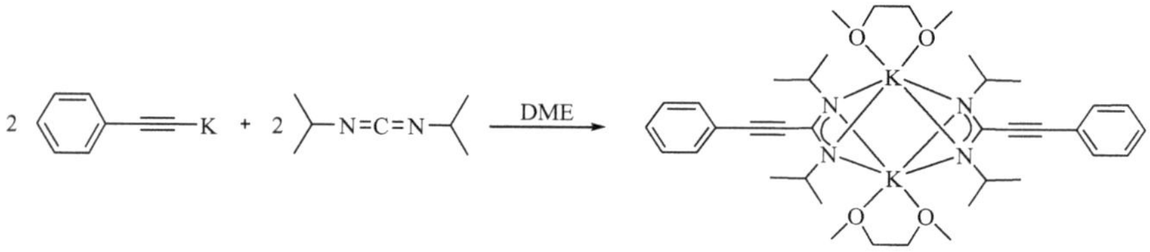

$$2 \; Ph-C\equiv C-K \; + \; 2 \; iPr-N=C=N-iPr \; \xrightarrow{DME} \; [3(DME)]_2$$

Eine Strukturverfeinerung des Zielkomplexes war nicht möglich, aber dennoch ließ sich das in Schema 56 dargestellte Motiv mittels Röntgenstrukturanalyse eindeutig belegen. Neben dem dimeren Aufbau ist ersichtlich, dass die beiden Kaliumatome symmetrisch durch die beiden Amidinatliganden verbrückt sind. Durch die chelatisierende Bindung von jeweils einem DME-Molekül pro Alkalimetallatom erreichen diese jeweils eine sechsfache Koordination. Weitere Kristallisationsversuche aus Toluol, Pentan, Cyclopentan, Diethylether und THF schlugen fehl. Weiterhin führten die Lösungsmittelgemische DME/Toluol und DME/Pentan nicht zu Einkristallen von ausreichender Qualität.

Das Produkt ist in allen oben genannten Lösungsmitteln mit Ausnahme von Pentan gut bis sehr gut löslich. Die Lösungen sind gelb, und bei Luftkontakt ist bereits nach wenigen Sekunden eine Zersetzung unter Wechsel der Farbe nach weinrot zu beobachten. Das oben beschriebene [3(DME)]$_2$ verliert bei intensiver Trocknung im Ölpumpenvakuum unter gelindem Erwärmen alle Lösungsmittelmoleküle. Überdies geht die kristalline Struktur verloren, und man erhält ein blassgrünes Pulver, welches immer noch sehr luft- und feuchtigkeitsempfindlich ist. Der Zersetzungspunkt von **3** liegt bei 175 °C.

Die NMR-Untersuchungen bestätigen den kompletten Verlust des Lösungsmittels und das Vorliegen von **3**. Die Signale der Protonen der Methylgruppen weisen eine leicht unterschiedliche chemische Verschiebung auf, wohingegen die zugehörigen Kohlenstoffatome nur ein Signal im ^{13}C-NMR-Spektrum liefern. Die typische Septettaufspaltung der C*H*-Protonen zeigt sich mit erwarteter Kopplungskonstanten von 6.2 Hz [128a]. Über zweidimensionale HMBC-NMR-Spektren war insbesondere die unterschiedliche Stellung der beiden Kohlenstoffatome der Dreifachbindung eindeutig unterscheidbar, wobei das Signal für das Atom in Richtung der Amidinateinheit stärker hochfeldverschoben erscheint. Im Vergleich zu den Cer(III)-Amidinatokomplexen **1**, **2** und **4** ist das Signal des NCN-Kohlenstoffatoms bei 153.6 ppm deutlich hochfeldverschoben.

Neben den symmetrischen und asymmetrischen Streckschwingungen der Methylgruppen bei 2965 und 2857 cm^{-1} im IR-Spektrum kann wieder die NCN-Schwingung bei 1596 cm^{-1} beobachtet werden [28]. Überdies zeigt sich bei 2197 cm^{-1} die typische Bande der C≡C-Schwingung [129d]. Erwartungsgemäß ist im Massenspektrum einer solchen ionischen Verbindung wie **3** kein Molpeak zu finden. Das Signal mit dem höchsten Masse/Ladungsverhältnis ist *m/z* 227.1, was dem [PhC≡C(N^{i}Pr)$_2$]$^+$-Fragment entspricht. Der Basispeak bei *m/z* 128.0 kann dem „NCC≡CPh"-Bruchstück zugeordnet werden.

Die Synthese des homoleptischen Tris(amidinato)komplexes **4** wurde gemäß Schema 55 in THF durchgeführt. Zum Einsatz kam das lösungsmittelfreie **3** und wasserfreies CeCl$_3$. Die Reaktionsbedingungen wurden analog der Synthese von **1** und **2** gewählt. Die anfänglich gelbe Farbe des Reaktionsgemisches, bedingt durch das gelöste Kaliumamidinat, veränderte sich bereits nach kurzer Zeit zu goldgelb. Das entstandene Kaliumchlorid konnte durch Pentanextraktion abgetrennt werden, und der gewünschte Cer(III)-Komplex **4** kristallisierte direkt aus den vereinigten Extrakten in Form goldgelber, quaderförmiger Kristalle in guter Ausbeute. Die Kristalle eigneten sich für eine Einkristallröntgenstrukturanalyse. Im Vergleich zu den bisher beschriebenen Verbindungen **1** und **2** scheint das Produkt **3** noch luftempfindlicher zu sein und zersetzt sich in Lösung und in festem Zustand anfänglich unter Farbänderung nach blau bis hin zu gelb-braun. Es ist gut löslich in den üblichen Lösungsmitteln wie THF, Toluol und Pentan. Pentan kann im Ölpumpenvakuum nicht vollständig entfernt werden, so dass bei solchen Versuchen lediglich eine klebrige Masse zurück blieb. Entgegen den Beobachtungen bei den Cer(III)-Amidinatokomplexen **1** und **2** zersetzt sich **4** bereits bei 85 °C.

Wie für die bisher beschriebenen Cer(III)-Amidinatokomplexe waren auch für **4** auswertbare NMR-Daten erhältlich. Aufgrund des Paramagnetismus erschienen alle Signale im ^{1}H-Spektrum ziemlich breit, und Aufspaltungen waren in keinem Fall zu beobachten. Die Methylgruppen des N-Substituenten erscheinen als ein Signal bei -2.74 ppm. Gut übereinstimmend zeigen sich die Signale der zugehörigen Kohlenstoffatome als ein Signal im ^{13}C-NMR-Spektrum bei 23.3 ppm. Wie auch in der Kaliumverbindung **3** sind alle weiteren Signale eindeutig den jeweiligen Kohlenstoffatomen zuzuordnen. Charakteristisch tieffeldverschoben erscheint das Signal bei 171.3 ppm für das Kohlenstoffatom der Amidinateinheit.

Im IR-Spektrum zeigt sich neben den C-H-Streckschwingungen (2966 und 2866 cm^{-1}) wieder die typische Bande mit mittlerer Intensität bei 2207 cm^{-1} für die C≡C-Streckschwingung [129d]. Die starken Banden bei 1390 und 1598 cm^{-1} lassen sich der NCN-Einheit zuordnen [28].

Der weniger ionische Charakter im Vergleich zur Kaliumverbindung und die damit verbundene bessere Flüchtigkeit der Verbindung **4** lässt sich am Vorhandensein des Molpeaks im Massenspektrum bei *m/z* 820.6 mit 20% Intensität erkennen. Interessanterweise folgen zwei Peaks, die den Fragmenten entsprechen, in denen lediglich eine Methylgruppe beziehungsweise eine Isopropylgruppe abgespalten wird. Der Basispeak bei *m/z* 593.8 entspricht dem [M − PhC≡CC(N^{i}Pr)$_2$]$^+$-Fragment.

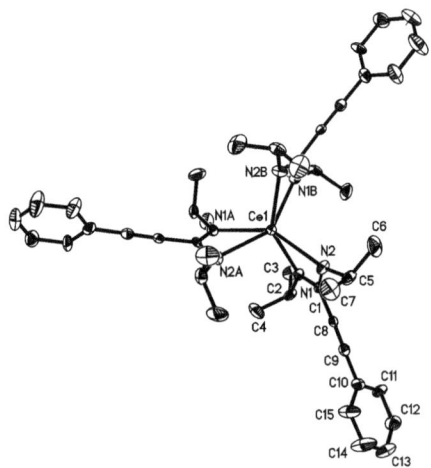

Abb. 34: Molekülstruktur von [PhC≡CC(N^{i}Pr)$_2$]$_3$Ce **4**

Die in Abb. 34 dargestellte Molekülstruktur ist der strukturelle Beweis für den ersten homoleptischen, lösungsmittelfreien Lanthanoid(III)-tris(propiolamidinato)-Komplex. Das Produkt kristallisiert in der seltenen hexagonalen Raumgruppe P3c1 mit zwei unabhängigen Molekülen in der symmetrischen Einheit. Daher ist jedes der beiden Moleküle hoch symmetrisch, und die *C3*-Achse verläuft durch jeweils das Ce(1)- beziehungsweise das Ce(2)-Atom. Aus diesem Grund sind in Abb. 34 auch nur die Nummerierungen eines Amidinatliganden angegeben. Das Metallzentrum ist wie in **2** stark verzerrt oktaedrisch von den Stickstoffatomen der Amidinatliganden umgeben. In Analogie zu **1** und **2** sind die CeNCN-Einheiten nahezu planar. Die Darstellung der Molekülstruktur lässt erkennen, dass die Verlängerung der nahezu linearen Bindungsachse C1-C8-C9-C10 nicht in der CeNCN-Ebene liegt und daher die Peripherie des Liganden leicht abwinkelt ist. Die Daten zeigen eine Abweichung von 24.7° beziehungsweise 46.0° aus dieser Ebene (erstes und zweites unabhängiges Molekül). In guter Übereinstimmung mit den Werten von **2** liegen die Ce-N-Bindungslängen im Bereich von 2.487(5) bis 2.502(5) Å. Die Veränderung der Peripherie des Amidinatliganden hat demnach in diesem Fall keinen Einfluss auf die Ce-N-Abstände. Die Werte für die NCeN-Winkel (54.16(15)° und 54.31(17)°) bestätigen den für Lanthanoid(III)-Amidinatokomplexe typisch kleinen NLnN-Winkel [33]. Die Diederwinkel zwischen der NCN- und Phenylringebene betragen jeweils 55.9 und 60.6°.

3.1.4. Tris[*N,N'*-bis(isopropyl)pivalamidinato]cer(III) 5, -europium(III) 6 und -terbium(III) 7

Die sehr einfache Zugänglichkeit von Komplexen der Form Tris[*N,N'*-bis(isopropyl)pivalamidinato]lanthanoid(III) war Motivation, neben einer entsprechenden Cerverbindung zu Vergleichszwecken auch die Europium- und Terbiumkomplexe zu synthetisieren. In der Tat war es in allen drei Fällen möglich, die Komplexe als solvatfreie Spezies in moderaten bis hohen (36 bis 75%) Ausbeuten zu isolieren. Die Lithiumvorstufe wurde *in situ* mit der geforderten stöchiometrischen Menge an Lanthanoidtrichlorid umgesetzt [58] (Schema 57).

Schema 57

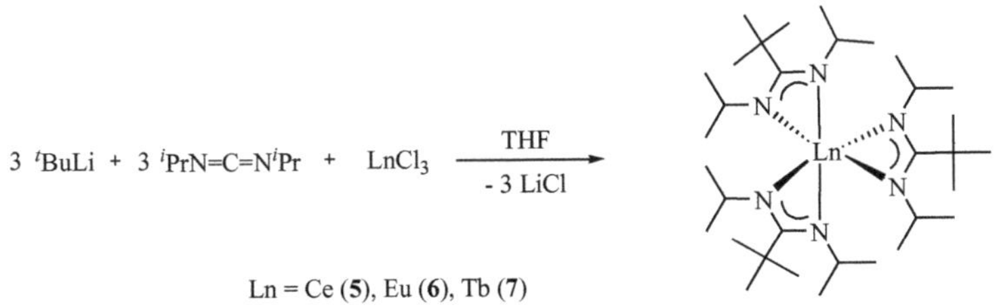

$$3 \,{}^tBuLi + 3 \,{}^iPrN=C=N^iPr + LnCl_3 \xrightarrow[-3\,LiCl]{THF}$$

Ln = Ce (**5**), Eu (**6**), Tb (**7**)

Die erhaltenen Verbindungen sind ausnahmslos gut bis sehr gut in den üblichen Lösungsmitteln wie THF, Toluol, Diethylether, Cyclopentan und Pentan löslich. In Pentan zeigen alle drei Komplexe eine starke Tendenz zur Übersättigung, dennoch eignet es sich zur Aufarbeitung nach der Synthese.

Ergebnisse und Diskussionen

Die Isolierung der Produkte geschieht durch Kristallisation aus gesättigten Pentanlösungen bei tiefen Temperaturen. Von den Europium- und Terbiumkomplexen (**6** und **7**) waren auf diese Weise röntgenfähige Einkristalle erhältlich. Im Fall des Cer(III)-Komplexes führte dies, neben zahlreichen anderen Versuchen mit verschiedenen Lösungsmitteln, nicht zum Erfolg. Erst nach einer Zeitspanne von über vier Monaten wuchsen aus einer hoch gesättigten Pentanlösung bei Raumtemperatur Kristalle gewünschter Qualität. An den nach oben beschriebener Prozedur erhaltenen Kristallen der Terbiumverbindung **7** haftete noch reichlich Pentan an, so dass für weitere Analysen der Komplex aus Cyclopentan umkristallisiert wurde. Das ist auch der Grund für die relativ niedrige Ausbeute von 36%. In Übereinstimmung bisheriger Berichte zur Empfindlichkeit gegenüber Feuchtigkeit von Tris(amidinato)lanthanoid-Komplexen [17, 28, 133] und Tris[bis(trimethylsilyl)amido]lanthanoid-Komplexen [127] ähneln die dargestellten Verbindungen **5-7** diesen Beschreibungen. Während **6** und **7** nur mäßig luftempfindlich sind, ist das Cer-Derivat **5** extrem empfindlich gegenüber Luftsauerstoff. Sowohl die Reaktionslösungen als auch die isolierten reinen Verbindungen zeigen die für die Elemente typischen Komplexfarben (Ce(III): gelb, Eu(III): rot, Tb(III): blass-grün). Interessanterweise liegt der Schmelzpunkt der Terbiumverbindung (> 280 °C) weit über denen, die für **5** (113 °C) und **6** (122 °C) beobachtet wurden.

Für **5** und **6** waren auswertbare NMR-Daten zugänglich. Der stärkere paramagnetische Charakter des Europiumkomplexes zeigt sich unter anderem in der Tatsache, dass im ^{1}H-NMR-Spektrum sich die Signale über einen Bereich von 65 ppm erstrecken (Cerkomplex: 35 ppm). Einen Hinweis auf den höheren Raumbedarf der *tert*-Butylgruppe und eine damit größere sterische Beeinflussung von Nachbargruppen im Molekül des Amidinatliganden lieferte die Beobachtung, dass bei **5** entgegen der Ergebnisse für **1**, **2** und **4** die Signale für die Methylgruppen der Isopropyleinheit zwei unterschiedliche Signale (6.67 und -15.21 ppm) liefern. Analog werden für den Europiumkomplex zwei Signale bei 29.83 und -2.15 ppm gefunden. Den Signalen bei 65.0 und 32.4 ppm im ^{13}C-NMR-Spektrum können die dazugehörigen Kohlenstoffatome zugeordnet werden. In den Komplexen **2**, **4** und **6** erscheint das Signal für die (CH$_3$)$_2$C*H*–Protonen relativ weit tieffeldverschoben im Bereich von 11.6 bis 12.7 ppm, wohingegen es bei **6** sehr weit hochfeldverschoben bei -35.3 ppm erscheint, begründet durch den im Vergleich zum Cer(III) stärker ausgeprägten Charakter des Europium(III)-Ions als (internes) Shift-Reagenz wirken zu können. Das Signal bei dem sehr hohen Wert von 335.1 ppm für das charakteristische Kohlenstoffatom der Amidinateinheit für **6** bestätigt diese Eigenschaft des Metallzentrums. Der entsprechende Wert für **5** (195.4 ppm) liegt durchaus in vergleichbarem Rahmen für bisher beschriebene Cer(III)-Komplexe. Kopplungen der Protonen der Isoproylgruppen wurden nicht gefunden.

Ergebnisse und Diskussionen

Erwartungsgemäß zeigen die infrarotspektroskopischen Untersuchungen ein sehr ähnliches Bild. Die Banden der symmetrischen und asymmetrischen C-H-Streckschwingungen für **5** bis **7** erscheinen im Bereich von 2965 und 2868 cm^{-1}, und überdies sind eindeutig die der zugehörigen C-H-Deformationsschwingungen bei 1455-1456 und 1374-1375 cm^{-1} sichtbar [129a]. Die Werte bei 1655 und 1489-1496 cm^{-1} lassen sich den NCN-Schwingungen zuordnen [28].

Die Massenspektren bestätigen die bisherigen Beobachtungen bei **1**, **2** und **4**, dass die Komplexe häufig einen oder mehrere Amidinatliganden abspalten und typische Fragmentpeaks mit gefordertem Isotopenmuster im Spektrum aufweisen. In guter Übereinstimmung lassen sich die Basispeaks von **6** und **7** solchen Fragmenten zuordnen. Im Fall der Cerverbindung **5** entspricht das Signal maximaler Intensität dem freien Liganden unter Abspaltung einer Methylgruppe. Lediglich für den Terbiumkomplex **7** wurde ein Molpeak mit schwacher Intensität beobachtet.

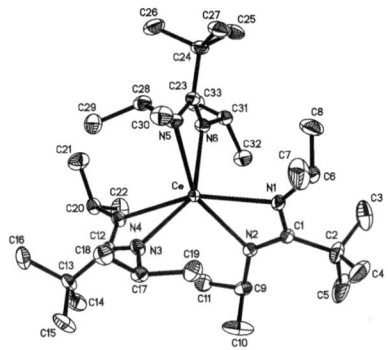

Abb. 35: Molekülstruktur von [^{t}BuC(N^{i}Pr)$_2$]$_3$Ce **5**

Die Molekülstrukturen der Verbindungen **5** bis **7** beweisen ausnahmslos das Vorliegen der monomeren, lösungsmittelfreien Komplexe. Analog der bereits bekannten Strukturdaten des Tris[N,N'-bis(isopropyl)pivalamidinato]lanthan(III) [58] kristallisieren die synthetisierten Produkte im monoklinen Kristallsystem. Im Fall von **6** liegen drei unabhängige Moleküle in der Elementarzelle vor. Eine Symmetrie wie beispielsweise bei **2** und **4** ist bei den Pivalamidinatkomplexen nicht zu beobachten. Abb. 35 zeigt exemplarisch die Molekülstruktur des Cerkomplexes **5**. Die LnNCN-Einheiten sind nahezu planar, und das Lanthanoidion ist stark verzerrt oktaedrisch von den Stickstoffatomen der Amidinatliganden umgeben. Die Werte der Ln-N-Bindungslängen liegen aufgrund des gleichen sterischen Anspruchs der Isopropylgruppen im vergleichbaren Bereich. Der infolge der Lanthanoidenkontraktion abnehmende Ionenradius in der Reihefolge Ce > Eu > Tb zeigt jedoch eine Abnahme dieser Bindungslänge von durchschnittlich 2.505 über 2.427 bis zu 2.398 Å. In guter Übereinstimmung steigt in genannter Reihenfolge der

NLnN-Winkel von durchschnittlich 52.30 über 54.23 bis zu 54.93°. In beiden Fällen (Bindungslänge und Winkel) ergänzen die Werte des vergleichbaren Lanthankomplexes von durchschnittlich 2.53 Å und 51.8° die Reihen sehr gut [58]. Erwähnswert ist die Tatsache, dass im Cer(III)-Komplex **5**, ähnlich wie in **1**, die Ce-N-Bindungslängen innerhalb der einzelnen Amidinateinheiten relativ große Differenzen untereinander (0.04 bis 0.06 Å) zeigen, was wieder zu einer leicht asymmetrischen Koordination der Amidinatliganden führt.

3.1.5. (Chloro)bis[*N,N'*-bis(2,6-diisopropylphenyl)pivalamidinato]cer(III) 8

Ein bereits beschriebener Vorteil der Amidinatliganden gegenüber den lange bekannten Cyclopentadienylliganden ist die gute Einstellbarkeit des sterischen Anspruches, insbesondere über die N-Substituenten nahe dem Metallzentrum. Mit dem Ziel der Synthese eines chlorofunktionalisierten Cer(III)-Amidinatokomplexes wurden erfolgreich zwei Äquivalente Kalium[*N,N'*-bis(2,6-diisopropylphenyl)pivalamidinat] mit wasserfreiem Certrichlorid umgesetzt (Schema 58). Die Kaliumverbindung war durch Deprotonierung des literaturbekannten freien Amidins [134] mit einem Überschuss an Kaliumhydrid zugänglich. Sie wurde in der Reaktion *in situ* eingesetzt und in THF-Lösung direkt mit Certrichlorid zur Reaktion gebracht.

Schema 58

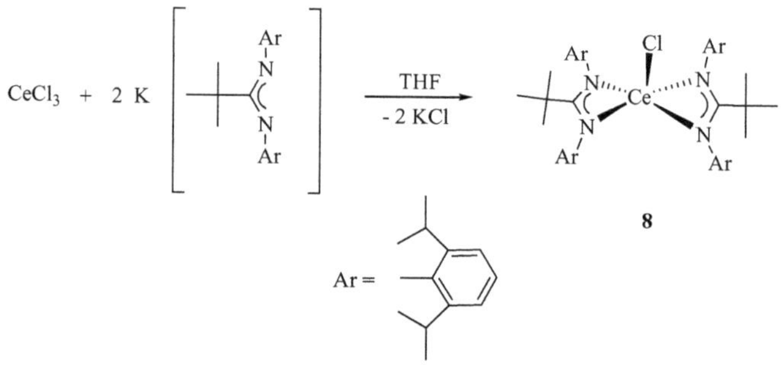

Der Zielkomplex **8** ist gut löslich in THF, Toluol und Cyclopentan. Eine nur mäßige Löslichkeit zeigt sich in Pentan, jedoch eignet sich dieses Lösungsmittel gut zur Aufarbeitung des Reaktionsgemisches, da alle Edukte darin unlöslich sind. Anfängliche Versuche, die in Schema 58 dargestellte Umsetzung, analog der Synthesen von **1**, **2** und **4-7** in THF bei einer Temperatur von 60 °C durchzuführen, führte zu einer raschen Braunfärbung des Reaktionsgemisches und niedrigen Ausbeuten. Aus diesem Grunde wurde die Reaktion bei Raumtemperatur und längeren Reaktionszeiten durchgeführt. Für eine Röntgenstrukturanalyse geeignete Einkristalle wurden nach mehreren Versuchen durch sehr langsames Abkühlen aus Pentan bei 5 °C in Form gelblich-grüner, quaderförmiger Kristalle erhalten. In guter Übereinstimmung mit dem erhöhten Raumbedarf der Liganden und damit einer größeren sterischen Abschirmung des Metallzentrums ist der Zielkomplex etwas weniger luftempfindlich als seine bisher beschriebenen Verwandten (**1, 2, 4, 5** und **7**). In Pentanlösung zersetzt sich das Produkt bei Luftkontakt unter Braunfärbung nach wenigen Sekunden. Der Schmelzpunkt ist mit 217 °C ähnlich dem von **2**, obwohl eine deutlich höhere molare Masse vorliegt. Auswertbare NMR-Daten waren aufgrund des Paramagnetismus nicht zugänglich.

Die IR-Daten ähneln erwartungsgemäß sehr den Spektren der Verbindungen **1** bis **7**. Die Banden bei 2962 und 2871 cm^{-1} lassen sich den symmetrischen und asymmetrischen C-H-Streckschwingungen der Methylgruppen zuordnen. Die Bande für die C-H-Deformationsschwingung erscheint bei dem Wert 1384 cm^{-1} [129a]. Die typischen NCN-Schwingungsbanden zeigen sich in guter Übereinstimmung mit den Werten von **1-7** im Bereich von 1390 und 1655 cm^{-1} [28]. Ähnlich den Komplexen **1**, **2** und **4** entsprechen die Banden bei 1157, 1027 und 758 cm^{-1} verschiedenen C-H-Ringschwingungen [129c].

Massenspektroskopische Messungen zeigen wiederum die leichte Abspaltbarkeit der Isopropylgruppen. Der einzige Peak, welcher einem Cer-enthaltenden Fragment entspricht, ist bei *m/z* 970.2 mit sehr schwacher Intensität. Alle anderen Peaks lassen sich lediglich Ligandfragmenten zuordnen, die durch Abspaltung von Methyl- oder Isopropylgruppen entstehen. So ist der Basispeak mit einem Wert von *m/z* 244.0 dem Fragment [^{t}Bu C=N(Dipp)]$^+$ zuzuordnen.

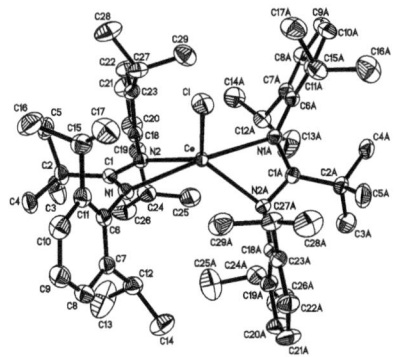

Abb. 36: Molekülstruktur von [^{t}BuC(NDipp)$_2$]$_2$CeCl **8**

Die Molekülstruktur beweist das Vorliegen des monomeren, lösungsmittelfreien, chloro-funktionalisierten Cer(III)-bis(amidinato)-Komplexes. Bemerkenswert ist, dass analoge Synthesen mit Yttrium [27] und Neodym [46] mit anderen Amidinatliganden zu den bei Lanthanoiden typischen Lithiumhalogenid-Addukt-Komplexen geführt haben. Die Bildung solcher Komplexe zeigte sich auch bei Verwendung von Pentamethylcyclopenta-dienylliganden, wie es von Rausch und Atwood et al. [135] für Cp*$_2$Ce(μ-Cl)$_2$Li(OEt$_2$)$_2$ beschrieben wurde. Offensichtlich ist dies bei Einsatz des sehr raumerfüllenden Amidinatliganden [^{t}BuC(NDipp)$_2$]$^-$ nicht der Fall. Der Komplex kristallisiert in monoklinem Kristallsystem und der Raumgruppe C2/c. Die *C2*-Achse verläuft durch die Atome Cer und Chlor. Wie in allen bisher beschriebenen Komplexen sind auch in diesem Fall die CeNCN-Einheiten nahezu planar. Aufgrund der *C2*-Symmetrie des Moleküls liegen auch die Atome C1, C1A, Ce und Cl in einer Ebene. Die beiden Amidinateinheiten N1-C1-N2 und N1A-C1A-N2A sind im Winkel von 57.7° gegeneinander geneigt. Ähnlich wie in den bisher beschriebenen Komplexen **1** und **5** sind die Ce-N-Abstände innerhalb der Amidinateinheiten leicht verschieden:

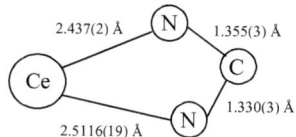

Abb. 37: Schematische Darstellung der Bindungslängen im [^{t}BuC(NDipp)$_2$]$_2$CeCl **8**

Auf den NCeN-Winkel hat diese Erscheinung keine Auswirkung, denn mit einem Wert von 53.27(7)° ist er gut mit den Werten für **1**, **2**, **4** und **5** vergleichbar. Die Ce-Cl-Bindungslänge liegt mit 2.6470(10) Å leicht unter den literaturbekannten Werten für Cp$_2$CeCl (2.672(7) Å) [136] und {[N(SiMe$_3$)C(Ph)]$_2$CH}$_2$CeCl (2.6973(16) Å) [137].

Alle synthetisierten Cer(III)-Amidinatoverbindungen **1**, **2**, **4**, **5** und **8** waren über Salzmetathese zugänglich und wurden in Form der Tris(amidinato)komplexe (**1**, **2**, **3** und **4**) beziehungsweise des Bis(amidinato)komplexes (**8**) isoliert und strukturell aufgeklärt. Sie liegen alle monomer und lösungsmittelfrei vor. Die Ausbeuten bewegen sich im Bereich von 70%. Die Ausnahme ist dabei die Synthese von **8**. Diese Verbindung wurde in einer Ausbeute von 36% isoliert. Wie für Cer(III)-Komplexe zu erwarten, sind die vorgestellten Beispiele äußerst empfindlich gegen Oxidation mit Sauerstoff und zersetzen sich unter Farbverdunklung. Ausgewählte Analysendaten sind in Tabelle 2 zusammengefasst.

Tabelle 2: Ausgewählte Analysedaten der Cer(III)-Komplexe **1**, **2**, **4**, **5** und **8**

	1	2	4	5	8
NMR (ppm) CH_3	-2.04	-3.29	-2.74	2.73, -15.21	-
NCN	199.08	186.94	171.30	195.38	-
IR (cm^{-1}) NCN	1651, 1390	1636, 1374	1598, 1390	1655, 1496	1655, 1395
Ce-N (Å)	2.594(2) 2.5026(19) 2.493(2) 2.5816(19) 2.499(2) 2.560(2)	2.4817(18) 2.4855(15) 2.4926(16)	2.499(6) 2.487(5) 2.487(5) 2.500(5)	2.5495(16) 2.4976(14) 2.4742(15) 2.5348(15) 2.4688(15) 2.5055(15)	2.5116(19) 2.437(2)
N-Ce-N (°)	53.56(7) 53.64(6) 53.77(7)	53.95(5) 54.11(7)	54.16(15) 54.31(17)	51.81(4) 52.38(4) 52.72(4)	53.27(7)
Diederwinkel (°)	71.9, 73.7, 74.7	73.3, 87.9	55.9, 60.6	-	-

In den NMR-Spektren wird durchweg der paramagnetische Charakter der Komplexe deutlich. Die Signale der Protonen der Methylgruppen zeigen ein relativ homogenes Bild in Form eines breiten Siguletts für **1**, **2** und **4**. Für einen höheren sterischen Anspruch der *tert*-Butylgruppe im „Rückgrat" der Pivalamidinatliganden und der damit einhergehenden Bewegungseinschränkung der Isopropylgruppen in **5** sprechen zwei Signale unterschiedlicher chemischer Verschiebung für die Protonen der Methylgruppen. Das charakteristisch tieffeldverschobene Signal für das Kohlenstoffatom der Amidinateinheit weist in den Komplexen sehr unterschiedliche Werte auf. Die IR-Bande um 1655 cm^{-1} für die NCN-Schwingung ist meist mit hoher Intensität im Spektrum sichtbar. Im Falle des Propiolamidinatkomplexes **4** erscheint diese Bande jedoch bei deutlich kleinerem Wert. Der zweite angegebene Wert (um 1390 cm^{-1}) ist relativ unbeeinflusst von den verschiedenen Substituenten. Eine Ausnahme ist der einzige Bis(amidinato)-Komplex **8**. In diesem Fall wurde diese Bande nicht gefunden, jedoch ist die aufgeführte Bande bei 1496 cm^{-1} auch typisch für NCN-Schwingungen. Die Ce-N-Abstände bei **2** und **4** weisen keine großen Streuungen auf. Ein größerer Wertebereich ist jedoch bei den Komplexen **1**, **5** und **8** zu erkennen. Im Mittel liegen sie aber letztendlich in vergleichbaren Rahmen. Dementsprechend weisen die NCeN-Winkel keine großen Differenzen auf. Die für **1**, **2** und **4** ermittelten Diederwinkel zwischen jeweils der NCN- und Ringebene von 55.9 bis 87.9° schließen eine Delokalisierung der π-Elektronen in jedem Fall aus.

3.2. Cer(IV)-Amido- und Cer(IV)-Amidinatokomplexe

Wie bereits in der Einleitung beschrieben, ist die Oxidation von Cer(III)-Amiden zu definierten Cer(IV)-Amidokomplexen nicht ganz trivial. Einerseits ist das Tris[bis(trimethylsilyl)amido]cer(III) das mit Abstand oxidationsempfindlichste Lanthanoidamid der 4f-Element-Reihe [127], andererseits lässt es sich nicht einmal mit elementarem Chlor zur entsprechenden wohldefinierten Cer(IV)-Spezies oxidieren [138]. Die berichtete Umsetzung mit Tellurtetrachlorid war hingegen erfolgreich (Schema 2), hat aber den entscheidenden Nachteil, dass nach der Reaktion das entstandene fein verteilte Tellur sehr sorgfältig abgetrennt werden muss [13a]. Auf der Suche nach einem adäquateren Oxidationsmittel fiel die Wahl auf das bereits seit langem bekannte Phenyljoddichlorid.

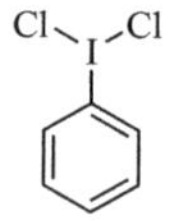

Abb. 38: Phenyljoddichlorid

Vorteile dieses Reagenz sind neben der einfachen Synthese die genaue Dosierungsmöglichkeit und insbesondere der Aspekt, dass als Nebenprodukt nur flüssiges Iodbenzol entsteht, was leicht aus dem Reaktionsgemisch entfernt werden kann. Hinweise auf einen potentiellen Erfolg mit diesem Reagenz sind in der Literatur im Zusammenhang mit der Oxidation von Übergangsmetallkomplexen zahlreich zu finden. Neuere Arbeiten berichten von erfolgreichen Umsetzungen von Tantal- [139a], Wolfram- [139b-e], Molybdän- [139d-g], Palladium- [139h-j], Platin- [139i, k-m] und Goldkomplexen [139n-o]. Besonders herauszustreichen sind dabei die Arbeiten von Cotton et al. [139f]. Sie beschreiben eine Oxidation eines zweikernigen, Formamidinat-verbrückten Molybdän(II)-Komplexes, in dem lediglich eine Chlorierung der Metallatome erfolgte, ohne dass die Liganden davon beeinträchtigt werden. Das Phenyljoddichlorid sollte sich nach diesen Ergebnissen für die gezielte Oxidation des Metalls in Cer(III)-Amidinatokomplexen eignen. Eine derartige Umsetzung mit Lanthanoidkomplexen ist bisher nicht in der Literatur zu finden.

3.2.1. Cer(IV)-Amidokomplexe

Das Phenylioddichlorid wurde gemäß Literaturangaben in guter Ausbeute synthetisiert [140]. Die blass-gelbe Substanz kann bei Kühlung (0°C) und Dunkelheit sehr lange gelagert werden. Um zu testen, ob eine erfolgreiche Oxidation auch mit den beschriebenen Cer(III)-Amidinatokomplexen erreichbar ist, wurden erste Versuche mit dem bekannten Tris[bis(trimethylsilyl)amido]cer(III) in Toluol durchgeführt:

Schema 59

$$[(Me_3Si)_2N]_3Ce \xrightarrow[\substack{Toluol, -60°C \\ -0.5\,PhI}]{0.5\,PhICl_2} [(Me_3Si)_2N]_3CeCl$$

Dazu wurde das Oxidationsmittel vor Gebrauch zwei Stunden im Ölpumpenvakuum getrocknet und in fester Form zum gelösten Amid gegeben. Eine spontane Braunfärbung deutete auf die Bildung der Cer(IV)-Verbindung hin. Unglücklicherweise war es nicht möglich, aus diesem Reaktionsgemisch das gewünschte (Chloro)tris[bis(trimethylsilyl)-amido]cer(IV) zu isolieren. Die Vermutung lag nahe, dass nur ein Teil des Eduktes oxidiert wurde. Aus diesem Grund wurden zahlreiche Modifikationen der Reaktionsbedingungen vorgenommen, um die Synthese zu optimieren. Dazu zählten die Wahl der Lösungsmittel (THF, Pentan, Diethylether, DME und Gemische), der Reaktionstemperatur und der –dauer. Auch diese Versuche führten nicht zum gewünschten Erfolg. Um die Reaktion zu verfolgen, wurde die Umsetzung direkt in einem NMR-Röhrchen in Benzol bei tiefen Temperaturen durchgeführt und ein Stoffumsatz von 10% aus den Daten des ^{1}H-Spektrums berechnet.

Im Hinblick auf die bereits beschriebene Möglichkeit der Koordination von „schlanken" Liganden in sterisch beanspruchten Lanthanoid-Amidinatokomplexen, kam das bereits in der Synthese von **1** eingesetzte Anisonitril zum Einsatz. Es wurde vor der Zugabe des Oxidationsmittels dem Reaktionsgemisch auch in festem Zustand zugesetzt:

Schema 60

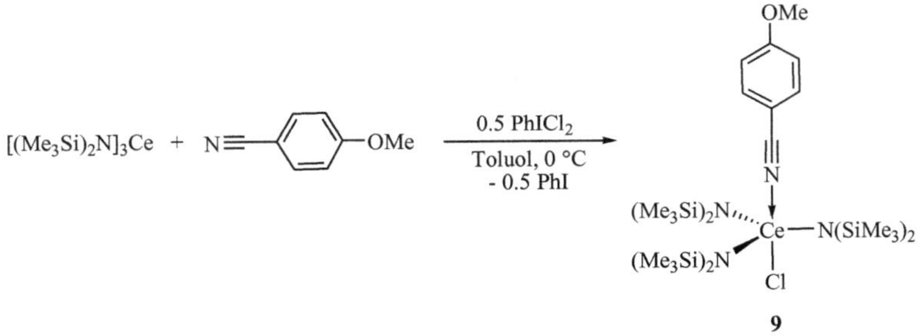

$$[(Me_3Si)_2N]_3Ce + N\equiv\!\!\!\!-\!\!\!\!\bigcirc\!\!\!\!-\!\!OMe \xrightarrow[\substack{Toluol,\ 0\,°C \\ -0.5\,PhI}]{0.5\,PhICl_2}$$

[Produkt **9**: Ce-Zentrum mit drei N(SiMe$_3$)$_2$-Liganden, einem Cl-Liganden und koordiniertem 4-Methoxybenzonitril]

9

Bereits Sekunden nach Zugabe des Phenyliododichlorids war eine Veränderung der Farbe von gelb nach braun zu beobachten. Der erhaltene Cer(IV)-Amidokomplex ist in Toluol und THF gut und in Pentan mäßig löslich. Pentan eignet sich somit gut zur Abtrennung von unumgesetztem Oxidationsmittel mittels Filtration und anschließender Trennung vom Cer(III)-Amid durch fraktionierte Kristallisation bei tiefen Temperaturen. Das Produkt **9** wurde in 57-%iger Ausbeute in Form dunkelrotbrauner, quaderförmiger Kristalle isoliert, die sich für eine Röntgenstrukturanalyse eigneten. Toluollösungen des neuen Cer(IV)-Amids sind dementsprechend auch dunkelrotbraun, wobei innerhalb von 24 Stunden bei Raumtemperatur eine deutliche Farbaufhellung zu erkennen ist, was auf eine Zersetzung schließen lässt. Das gleiche Phänomen beschreiben Lappert et al. im Falle des Chlorotris[bis(trimethylsilyl)-amido]cer(IV) als Zersetzung unter Abspaltung des Chloroliganden [13a]. Der neue Cer(IV)-Komplex **9** zersetzt sich bei einer Temperatur von 101.5 °C und ist sehr luftempfindlich.

Die erfolgreiche Synthese des diamagnetischen Cer(IV)-Komplexes kann deutlich durch das scharfe Signal bei -0.44 ppm für die Protonen der Methylgruppen im Molekül verifiziert werden ($[(Me_3Si)_2N]_3Ce$: 13.10 ppm [127]). Insbesondere liegt es in vergleichbarem Rahmen des Signals von $[(Me_3Si)_2N]_3CeCl$ [13a]. In guter Übereinstimmung erscheinen die Peaks aller weiteren Protonen und Kohlenstoffatome in für diamagnetische Verbindungen typischen Bereichen.

Neben den Banden für die symmetrischen und asymmetrischen C-H-Streckschwingungen (2952 und 2896 cm^{-1}) sind im IR-Spektrum die für die zugehörigen Deformations-schwingungen (1423 und 1245 cm^{-1}) der $SiMe_3$-Einheiten identifizierbar. Eine schwache Bande bei 2245 cm^{-1} kann der C≡N-Schwingung des koordinierten Anisonitrils zugeordnet werden. Sie liegt leicht über dem beobachteten Wert von **1** (2239 cm^{-1}).

Die oben beschriebene Zersetzung von **9** in Toluol und entsprechende Literaturbeschreibungen [13a] lassen auf eine relativ schwache Bindung des Chloroliganden schließen. In guter Übereinstimmung mit dieser Annahme wird im Massenspektrum der Molpeak nicht gefunden und das Signal mit höchsten Masse/Ladungsverhältnis entspricht dem $[M - Cl]^+$-Fragment. Überdies kann kein weiteres Signal einem Chlor-enthaltenden Bruchstück zugeordnet werden. Alle weiteren Peaks zeigen eine sukzessive Abspaltung der Liganden, insbesondere kann der Basispeak bei m/z 459.6 dem $[\{(Me_3Si)_2N\}_2Ce]^+$-Fragment zugeordnet werden.

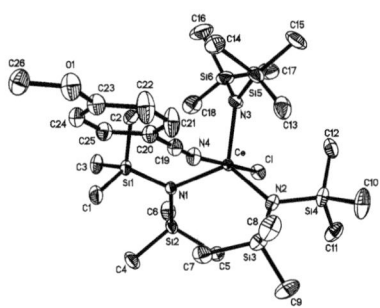

Abb. 39: Molekülstruktur von [(Me$_3$Si)$_2$N]$_3$CeCl(NCC$_6$H$_4$OMe-*p*) **9**

Die Molekülstruktur von **9** zeigt das Vorliegen des monomeren, lösungsmittelfreien Komplexes, in dem das Metallzentrum verzerrt trigonal-bipyramidal von Stickstoffatomen der Liganden und dem Chloratom umgeben ist. Die Summe der NCeN-Winkel zu den Amidliganden beträgt 357.4° und liegt damit nur leicht unter dem Wert eines idealen trigonalen Koordinationspolyeders von 360°. Die N$_{Amid}$CeCl-Winkel sind im Mittel etwas größer als 90° (95.4°) und somit sind die Amidliganden etwas in Richtung des Anisonitrilliganden orientiert. Das Ceratom liegt daher leicht außerhalb der Ebene, die durch die Stickstoffatome der Amidliganden aufgespannt wird. Die CeN$_{Amid}$-Bindungslängen liegen mit Werten von 2.2165(16) bis 2.2226(15) Å im Rahmen bisheriger Literaturangaben für Cer(IV)-Amide [12, [13]]. Mit 2.6250(19) Å ist die Bindung zum koordinativ gebundenen Stickstoffatom des Nitrilliganden deutlich länger. Aufgrund des kleineren Ionenradius des Cer(IV)-Ions im Vergleich zum Cer(III)-Ion und des geringeren sterischen Anspruchs der Liganden im Molekül **9**, ist dieser Wert aber dennoch kleiner als in **1** (2.714(2) Å). In Übereinstimmung mit der Beobachtung, dass mit höherer Koordinationszahl am Metall auch dessen kovalenter Radius steigt [141], liegt der Wert für den Ce-Cl-Abstand von **9** (2.6447(7) Å) knapp über dem von [(Me$_3$Si)$_2$N]$_3$CeCl mit 2.597(2) Å [13a] und deutlich unter dem von {N[CH$_2$CH$_2$N=CH(2-O-3,5-^{t}Bu$_2$C$_6$H$_2$)]$_3$}CeCl mit 2.793(1) Å [11], in dem das Cer(IV) die Koordinationszahl 8 aufweist.

3.2.2. Cer(IV)-Amidinatokomplexe

In ähnlicher Weise wurden auch Oxidationsversuche mit den Komplexen **1**, **2**, **4**, **5** und **8** durchgeführt. Die Oxidation von **1** wurde gemäß Schema 61 mit Phenyloddichlorid durchgeführt.

Schema 61

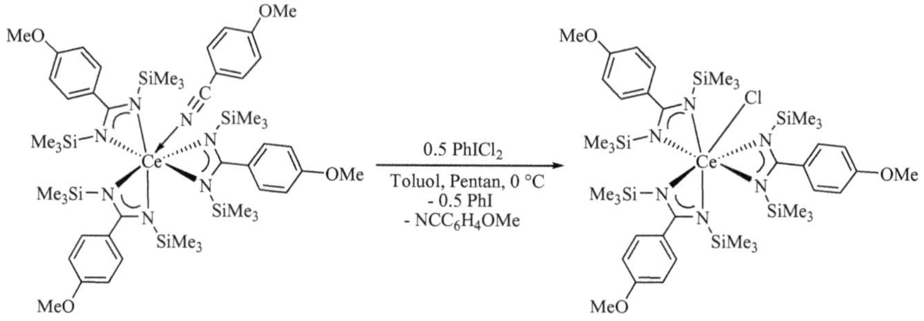

[Structure 1: Ce amidinate complex with SiMe₃, MeO-aryl groups] + 0.5 PhICl₂, Toluol, Pentan, 0 °C, − 0.5 PhI, − NCC₆H₄OMe → [Structure 10: Ce–Cl amidinate complex]

    1   10

In Analogie zu den Oxidationen der beschriebenen Cer(III)-Amide konnte auch in diesem Fall bereits wenige Sekunden nach Zugabe von Phenylioddichlorid eine deutliche Farbvertiefung nach braun beobachtet werden. Die Verbindung **10** ist gut in Toluol und THF, in Pentan aber nur mäßig löslich. Die Abtrennung von unumgesetztem Oxidationsmittel konnte daher durch Einsatz des aliphatischen Lösungsmittels realisiert werden. Überdies ist eine Trennung der beiden Amidinatspezies durch fraktionierte Kristallisation möglich. Das Produkt kann aus Pentanlösungen durch Abkühlen auf -32 °C in einer Ausbeute von 61% isoliert werden. Langsame Kristallisation aus Pentan bei einer Temperatur von 5 °C lieferte röntgenfähige, quaderförmige, dunkelrotbraune Einkristalle. Der Komplex ist in fester Form mäßig luftempfindlich, zersetzt sich aber bei Luftkontakt in Lösung nach wenigen Sekunden. Im Gegensatz zu den bisher beschriebenen Cer(IV)-Amiden, zersetzt sich **10** augenscheinlich nicht beim Erwärmen und schmilzt bei 193 °C.

Der positive Reaktionsverlauf kann mittels NMR-Analysen gut verfolgt werden. Das ^{1}H-Spektrum zeigt für die Protonen der Methylgruppen entgegen den Beobachtungen bei **1** zwei Signale im diamagnetischen Bereich. In guter Übereinstimmung damit liefern auch die zugehörigen Kohlenstoff- und Siliziumatome jeweils zwei Signale. Die aromatischen Protonen sind in Form von Dubletts (8.2 und 8.6 Hz) etwas weiter hochfeldverschoben als beim Cer(III)-Edukt. Alle weiteren Signale lassen sich eindeutig den einzelnen Atomen im Komplex zuordnen. Erwähnenswert ist, dass das Signal des Kohlenstoffatoms der Amidinateinheit mit einem Wert von 178.7 ppm im ^{13}C-NMR-Spektrum hochfeldverschoben im Vergleich zu dem in **1** liegt.

Das IR-Spektrum des neuartigen Cer(IV)-Amidinatokomplexes ähnelt sehr dem von **1**. Die typischen Banden der Methylgruppen und C-H-Ringschwingungen sind in allen Fällen nahezu gleich. Interessanterweise gilt dies auch für die beiden Werte 1652 und 1391 cm^{-1}, die den NCN-Schwingungen zugeordnet werden können [28]. Weiterhin zeigen sie wie beim vergleichbaren Cer(III)-Komplex gleiche Intensitäten. Im Vergleich zum oben erläuterten NMR-Spektrum, in dem aufgrund des Wechsels vom para- zum diamagnetischen Komplex der Erfolg der Reaktion sehr gut beobachtet werden kann, zeigen sich im IR-Spektrum, abgesehen vom Verschwinden der charakteristischen C≡N-Bande, keine wesentlichen Unterschiede zwischen Edukt und Produkt. Die Ergebnisse des Massenspektrums zeigen, ähnlich der Beschreibungen von Lappert et al. [13a] und den Ergebnissen von **9**, wieder die relativ schwache Bindung des Chloroliganden. Kein Peak konnte einem Chlor-enthaltenden Fragment zugeordnet werden. Ähnlich den Beobachtungen bei **1** ist das massenreichste Signal bei *m/z* 1019.0 und entspricht dem $[M - Cl]^+$-Bruchstück (bei **1**: $[M - NCC_6H_4OCH_3]^+$). Der Basispeak lässt sich einem Fragment zuordnen, welches unter Amidinatligand-Abspaltung entsteht (*m/z* 725.6).

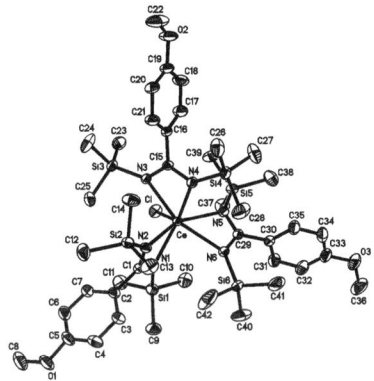

Abb. 40: Molekülstruktur von $[p\text{-MeOC}_6H_4C(NSiMe_3)_2]_3CeCl$ **10**

Die Einkristall-Röntgenstrukturanalyse von **10** bestätigt eindeutig das Vorliegen des ersten Vertreters der neuen Verbindungsklasse der Cer(IV)-Amidinate. Wie Abb. 40 zeigt, liegt der Zielkomplex monomer und lösungsmittelfrei vor. Analog zum Cer(III)-Edukt **1** existieren keine Symmetrieelemente im Molekül. Wie in allen bisher berichteten Fällen liegen die CeNCN-Einheiten nahezu in einer Ebene. Die Ce-N-Bindungslängen überstreichen einen ziemlich großen Bereich (2.3583(19) bis 2.5019(19) Å), und wie in **1**, **5** und **8** weisen diese Längen innerhalb der einzelnen Amidinateinheiten wieder relativ große Unterschiede auf (bis zu 0.15 Å). In guter Übereinstimmung mit dem abnehmenden kovalenten Radius des Cer(IV)-Ions im Vergleich zum Cer(III)-Ion liegen die mittleren Bindungslängen mit einem Wert von 2.432 Å deutlich unter denen von **1**. Insbesondere gilt dies auch für die entsprechenden Werten in **2**, **4**, **5** und **7**. Durch das Näherrücken des Metallatoms an die Stickstoffatome vergrößert sich in entsprechenden Cer(IV)-Komplexen somit auch der NCeN-Winkel. Der mittlere Wert von 55.67° (**1**: 53.66°) bestätigt diese Annahme. Aufgrund der größeren Koordinationszahl in **10** (7) im Vergleich zum Cer(IV)-Amid **9**

(5), steigt der kovalente Radius des Cer(IV)-Ions [141] und damit auch der Ce-Cl-Abstand. Die Bindungslänge von 2.6550(11) Å in **10** spiegelt dieses sehr gut wider. Auch in diesem Fall liegt der Wert aber immer noch unter dem im Ce(Trendsal)Cl-Komplex (2.793(1) Å), in dem das Metall achtfach koordiniert ist [11].

Erste Versuche, Oxidationsreaktionen bei einer Temperatur von 0 °C mit **2** durchzuführen, führten zu keinen auswertbaren Ergebnissen. Nach Zugabe des Phenylioddichlorids konnte eine kurzfristige Blaufärbung beobachtet werden, die nach wenigen Minuten wieder verschwand. Aus diesem Grunde wurden die Parameter so variiert, dass erstens die Umsetzung bei -70 °C durchgeführt wurde und das Oxidationsmittel in festem Zustand direkt in die kalte Reaktionslösung gegeben wurde. Unter diesen Bedingungen blieb die blaue Farbe, bestehen und eine Aufarbeitung des Produkts war möglich.

Schema 62

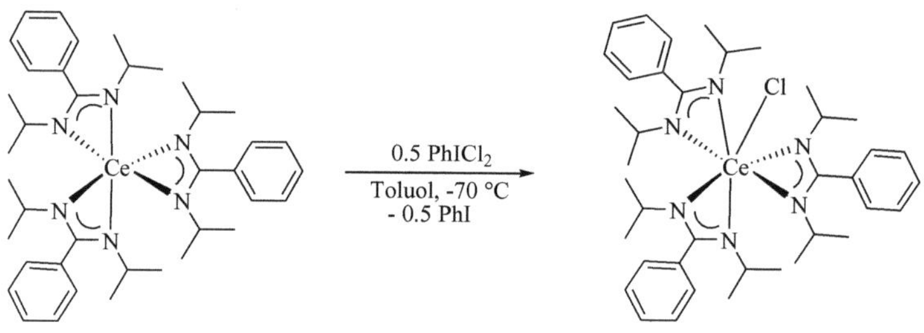

Der Zielkomplex ist in Toluol und THF gut, in Cyclopentan mäßig löslich und in Pentan nahezu unlöslich. Daher lässt sich das Reaktionsgemisch bequem aufarbeiten, in dem nach Ende der Reaktion zuerst das Lösungsmittel und entstandenes Iodbenzol im Ölpumpenvakuum (und in der Kälte) entfernt werden und anschließend der Rückstand mit Pentan gewaschen wird, um unumgesetztes **2** zu entfernen. Noch vorhandenes Oxidationsmittel wurde durch fraktionierte Kristallisation vom Produkt abgetrennt. Kristallisation aus Toluol bei -32 °C lieferte dunkelblaue, quaderförmige Kristalle in einer Ausbeute von 46%. Die Verbindung ist temperaturempfindlich, und Lösungen weisen nach 24 Stunden bei Raumtemperatur eine deutliche Farbaufhellung auf. Im Kühlschrank sind solche Lösungen für zwei bis drei Tage lagerbar, bei -32 °C für ungefähr 2 Monate. Die dauerhafte Lagerung ist bei einer Temperatur von -32 °C in festem Zustand möglich.

Das HSAB-Konzept sagt aus, dass das Cer(IV)-Ion aufgrund des kleineren Ionenradius gegenüber dem Cer(III)-Ion eine härtere Säure ist und daher mit den sehr harten Oxidionen festere Bindungen eingeht, worin vielleicht die noch stärkere Luftempfindlichkeit von **11** gegenüber **2** begründet liegt. Wird das Produkt zügig bei Raumtemperatur präpariert und sofort erwärmt, so zeigt sich bei einer

Temperatur von 78 °C Zersetzung. Aufgrund der hohen Temperaturempfindlichkeit waren IR- und Elementaranalyse-Messungen nicht möglich.

Die Bildung eines diamagnetischen Produkts im Verlauf der Reaktion ist deutlich im NMR-Spektrum nachvollziehbar. Die Signale der Protonen der Methylgruppen liegen alle über 0 ppm (**2**: -3.29 ppm). Das bereits bei **10** beobachtete Auftreten der Protonensignale der N-Substituenten in Form mehrerer Signale bestätigt sich auch in diesem Fall. Interessanterweise werden nicht nur zwei, sondern drei Signale für die Protonen der Methylgruppen im Integralverhältnis 3:1:1 bei 1.50-1.53, 1.20 und 1.04 ppm gefunden. Die Kopplungskonstanten (6.6 und 6.5 Hz) der beiden Dubletts, liegen im erwarteten Bereich für Ispropylgruppen [128]. Im Einklang mit dieser Beobachtung treten auch drei Signale für die zugehörigen Me$_2$C*H*-Protonen (mit gleichen Integralverhältnissen) und die Me$_2$*C*H-Kohlenstoffatome auf. Die Werte für die aromatischen Protonen liegen bei 7.26 und 6.18-7.15 ppm und sind damit etwas hochfeldverschoben gegenüber denen im Edukt **2**. Analog zu **10** erscheint auch in diesem Fall das Signal des Kohlenstoffatoms der Amidinateinheit im Vergleich zum Cer(III)-Edukt **2** hochfeldverschoben bei 171.5 ppm.

Wie in **9** und **10** ist auch in diesem Fall kein Molpeak im Massenspektrum erkennbar, und das massenreichste Signal erscheint mit geringer Intensität bei *m/z* 749.7 ([M – Cl]$^+$). Alle weiteren auswertbaren Signale spiegeln die Abspaltung von Amidinatliganden wider.

Wie erwähnt, kristallisiert das Produkt **11** in Form von blauen, quaderförmigen Kristallen. Die Kristallqualität erlaubte jedoch keine vollständige Verfeinerung der Röntgenstrukturanalyse. Daher war lediglich ein Strukturmotiv zugänglich. Es zeigt, dass das Cer(IV)-Ion wie erwartet siebenfach koordiniert ist und das Molekül monomer und lösungsmittelfrei vorliegt.

Auch die Cer(III)-Amidinatokomplexe **4**, **5** und **8** wurden Oxidationsversuchen mit Phenylioddichlorid unterzogen. Bei **4** und **5** war nach Zugabe des Oxidationsmittels eine kurzfristige Blaufärbung zu erkennen, die nach wenigen Sekunden wieder verschwand. Auch eine drastische Verringerung der Temperatur auf unter -70 °C führte nicht zum Bestehenbleiben der blauen Färbung. Die so erhaltenen blassgelb-braunen Reaktionslösungen wiesen bei Luftzutritt keine Farbveränderung mehr auf. Auswertbare spektroskopische Daten waren nicht erhältlich. Bei analogen Versuchen, **8** zu oxidieren, war unter keinen Umständen eine Farbveränderung während der Reaktion zu verzeichnen. Bei Luftkontakt wechselte die Farbe der Reaktionslösung von gelb spontan nach braun, was darauf schließen lässt, dass es in diesem Fall mit einer hohen Wahrscheinlichkeit zu keiner Oxidation durch das Phenylioddichlorid kam. Entsprechende spektroskopische Daten lieferten keinen genauen Aufschluss.

Die vorliegenden Ergebnisse bestätigen den erfolgreichen Einsatz von Phenyljoddichlorid als Oxidationsmittel für Cer(III)-Amido- beziehungsweise Cer(III)-Amidinatokomplexe. Auf diesem Wege konnte zunächst das bekannte [(SiMe$_3$)$_2$N]$_3$CeCl [13a] synthetisiert werden. Zudem waren nach dieser Methode ein neuartiger Cer(IV)-Amido- (**9**) und zwei Cer(IV)-Amidinatokomplexe (**10**, **11**) zugänglich. Diese Komplexe stellen die ersten Vertreter ihrer Substanzklasse dar. Die einfache Synthese und Handhabbarkeit des Oxidationsmittels sind ein wesentlicher Vorteil gegenüber bisher verwendeter Reagenzien. Weiterhin ist es mit Hilfe des Phenyljoddichlorids möglich, gezielt einen Chloro-Liganden in den Komplex einzuführen, wodurch die Oxidationsprodukte für weitere Umsetzungen von potentiellem Interesse sind. Der Erfolg der Synthesen ist aufgrund der Änderung des magnetischen Charakters in allen Fällen gut in den NMR-Daten nachvollziehbar. Die für das [(Me$_3$Si)$_2$N]$_3$CeCl beschriebene langsame Zersetzung in Lösung konnte für das Anisonitril-Addukt **9** auch beobachtet werden. Die Verbindung **10** zeigte hingegen kein derartiges Verhalten. Die Oxidationsprodukte der sterisch weniger beanspruchten Cer(III)-Amidinatokomplexe **2**, **4** und **5** sind sehr temperaturempfindlich und nur im ersten Fall konnte ein definiertes Produkt **11** isoliert werden. Beim chloro-funktionalisierten Cer(III)-bis(amidinato)-Komplex **8** zeigte Phenyljoddichlorid augenscheinlich keine Oxidationswirkung.

Ergebnisse und Diskussionen

3.3. Metallkomplexe des *N,N'*-Di(isopropyl)-*ortho*-carboranamidins

Ein bereits erwähnter Vorteil der eingesetzten Amidinatliganden gegenüber den lange bekannten Cyclopentadienylliganden ist die gute Steuerung des sterischen Anspruches erstens nahe dem Metallzentrum, über die Substituenten an den Stickstoffatomen, und zweitens im „Rückgrat" des Liganden durch den Substituenten am Kohlenstoffatom der NCN-Einheit. Während **8** ein Beispiel für einen Komplex mit sehr raumerfüllenden Substituenten am Metallzentrum ist, sollte im Folgenden der Einfluss eines großen Substituenten in der Peripherie der Amidinatliganden untersucht werden. Die Fragestellung war dabei, inwieweit eine solche große Molekülgruppe Einfluss auf die Stöchiometrie im Komplex haben wird. Die Wahl fiel dabei auf das 1,2-Dicarba-*closo*-dodecaboran(12) (= *ortho*-Carboran), da es sich mit *n*-Butyllithium leicht deprotonieren lässt und damit potentiell über die Carbodiimidroute ein entsprechendes Amidinat leicht zugänglich sein sollte [33].

3.3.1. *N,N'*-Diisopropyl(monolithio-*ortho*-carboranyl)amidino(dimethoxyethan) und der freie Ligand

Das Lithium-Derivat des neuen Ligandensystems wurde in einer Eintopf-Synthese durch Umsetzung von *ortho*-Carboran mit *n*-Butyllithium und anschließende Zugabe von *N,N'*-Diisopropylcarbodiimid in DME/Pentan erhalten:

Schema 63

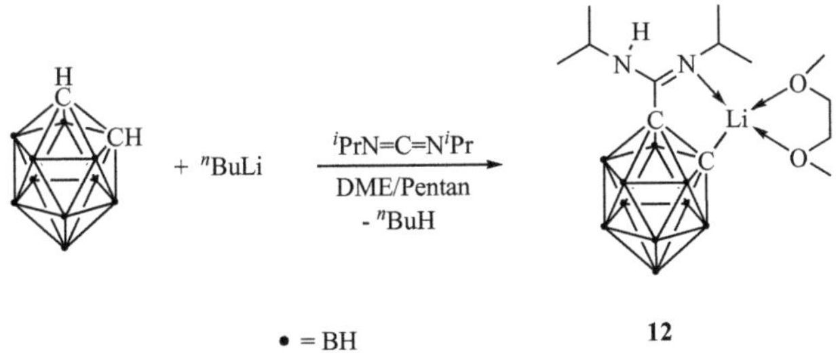

• = BH   **12**

Erstaunlicherweise koordiniert das Lithiumatom nicht über die Amidinateinheit, sondern ist an das Kohlenstoffatom des Carborankäfigs gebunden. Das Produkt ist sehr gut in THF, Diethylether und DME, mäßig in Toluol und Pentan löslich. Zudem ist es ziemlich feuchtigkeitsempfindlich. Farblose, quaderförmige, röntgenfähige Einkristalle konnten direkt aus der Reaktionslösung durch Abkühlen auf -32 °C (3 d) erhalten werden. Die Ausbeute betrug 65%. Das Produkt verliert bei intensiver Trocknung im Ölpumpenvakuum kein DME.

Die NMR-Daten von **12** bestätigten diesen Befund. Die Signale für die Protonen des DME erscheinen bei 3.57 und 3.26 ppm als Singuletts. Die Protonen der anderen Methylgruppen im Komplex besitzen eine leicht unterschiedliche chemische Verschiebung, obgleich die zugehörigen Kohlenstoffatome nur einem Signal zuzuordnen sind. Die ermittelten Integralverhältnisse und HSQC-Messungen erlaubten eine eindeutige Zuordnung des Signals bei 4.60 ppm zum Proton am Stickstoffatom. Damit zeigt sich, dass auch in Lösung der Komplex **12** in Form des Carboranylamidinats vorliegt. Erwähnenswert ist, dass sich das Signal für die Protonen der Boratome über fast 2 ppm erstreckt. Das Signal für das Kohlenstoffatom der NCN-Einheit erscheint bei 156.0 ppm.

Das Vorliegen des Komplexes in der Carboranylamidino-Form wird unterstützt durch eine starke Bande im IR-Spektrum bei 3407 cm^{-1}, das der N-H-Schwingung zuzuordnen ist [129d]. Überdies sind die bisher vielfach beschriebenen typischen NCN-Banden durch ein starkes Signal bei 1665 cm^{-1} abgelöst worden, was der C=N-Schwingung entspricht [129e]. Neben den üblichen C-H-Streck- und C-H-Deformationsschwingungen der Methylgruppen erscheint die für B-H-Schwingungen charakteristische starke Bande bei 2565 cm^{-1}. Der Wert unterscheidet sich nicht wesentlich von bekannten lithiierten *ortho*-Carboranderivat-Komplexen [66d, 143].

Im Massenspektrum wird kein Molpeak beobachtet. Erwartungsgemäß werden das DME und das Lithium schnell abgespalten, und das Signal mit dem höchsten Masse/Ladungsverhältnis entspricht gerade dem verbleibenden Fragment. Alle weiteren Signale, unter ihnen auch der Basispeak, können Bruchstücken zugeordnet werden, in denen der komplette Carborankäfigrest zurückbleibt.

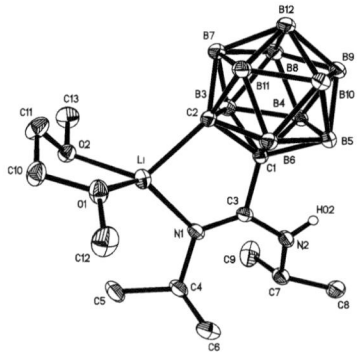

Abb. 41: Molekülstruktur von [(B$_{10}$H$_{10}$C$_2$)C(N^{i}Pr)(NH^{i}Pr)]Li(DME) **12**

Die in Abb. 41 dargestellte Molekülstruktur von **12** zeigt erstens das monomere Vorliegen des Zielkomplexes und beweist zudem eindeutig die Bindung des Metalls an das freie Kohlenstoffatom des *ortho*-Carborankäfigs. Das Lithiumion ist verzerrt tetraedrisch koordiniert. Der Li-C2-C1-C3-

N1-Ring ist nahezu planar und gegen die O1-Li-O2-Ebene im Winkel von 88.5° geneigt. Die Li-C2-Bindungslänge liegt mit 2.088(2) Å leicht unter dem von [{[(μ-η^5):σ-Me$_2$Si(C$_5$Me$_4$)(C$_2$B$_{10}$H$_{10}$)]Li(THF)}$_2$Li]$^-$ mit 2.140(7) Å [66d]. Die im Vergleich zu C3-N2 deutlich kürzere C3-N1-Bindungslänge zeigt, dass das Lithiumion an das sp^2-hybridisierte Stickstoffatom der Amidinateinheit koordiniert ist. Daher ist diese koordinative Li-N1-Bindung mit 2.017(2) Å auch kürzer als in Komplexen, in denen sp^3-hybridisierte Stickstoffatome an Lithium koordinativ gebunden sind. Beispiele dafür sind [(2,4,6-Me$_3$C$_6$H$_2$N)$_2$C(H)]Li(TMEDA) (2.087(3) und 2.057(3) Å) [142], ^{t}BuLi(TEEDA) (2.102(3) und 2.094(3) Å) [144] und {[(SiMe$_3$)NC(Ph)N(CH$_2$)$_3$NMe$_2$]Li}$_2$ (2.050(3) Å) [130]. Im Vergleich zu Lithiumamidinat-Komplexen [28, [130, 142] ist der N1-C3-N2-Winkel der Amidineinheit im Durchschnitt um 10° größer. Überdies ergibt die Summe aller Winkel um C3 herum etwa 360°, wonach C1, C3, N1 und N2 nahezu in einer Ebene liegen müssen. Der C-Li-N-Chelatwinkel hat einen Wert von 87.81(9)°.

Durch Hydrolyse von **12** war das freie Amidin **13** in einfacher Weise zugänglich:

Schema 64

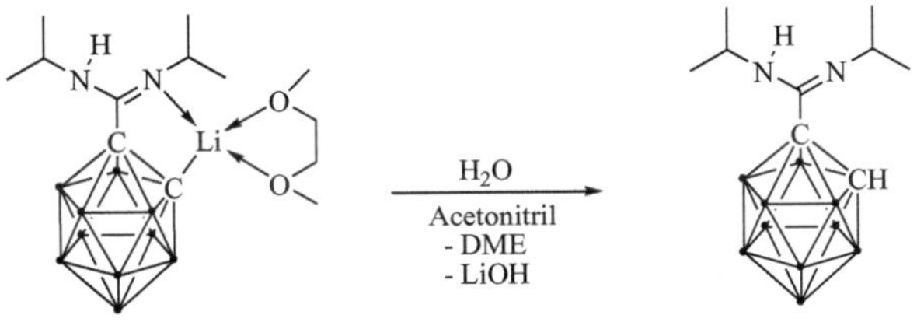

Das Produkt **13** konnte aus der eingeengten Reaktionslösung direkt durch Kristallisation bei -32 °C in Form von farblosen, undurchsichtigen, nadelartigen Kristallen in einer Ausbeute von 85% isoliert werden. Das *N,N'*-Diisopropyl(*ortho*-carboranyl)amidin ist sehr gut in Toluol, THF, Pentan, Diethylether und Methylenchlorid löslich. In den meisten Fällen reicht eine gesättigte Lösungsmittelatmosphäre aus, um es von den Gefäßwänden zu lösen. Der Schmelzpunkt liegt bei 57.0 °C.

Mittels NMR-Spektroskopie konnte der Reaktionsverlauf einfach verfolgt werden. Die bei **12** erwähnten Protonensignale für das koordinierte DME verschwinden, und bei 4.92 ppm erscheint ein neues Signal, welches dem Proton am Kohlenstoffatom des Carborankäfigs zugeordnet werden kann. Bei nahezu gleicher chemischer Verschiebung erscheint der breite Peak für das Proton am Stickstoff. Auch in diesem Fall konnte über die Integralauswertung das sehr breite Signal von 1.40-3.20 ppm den 10 Protonen der Boratome zugeordnet werden. Die Signale für die Protonen der

Methylgruppen erscheinen in Form zweier Dubletts bei 1.16 und 1.03 ppm. Für die zwei Me$_2$C*H*-Protonen zeigt sich lediglich ein Signal bei 3.78 ppm als deutliches Septett. Die Kopplungskonstanten liegen im Bereich von 6 Hz und damit im erwarteten Rahmen für Isopropylgruppen [128]. Etwas weiter hochfeldverschoben als bei **12** erscheint das Signal für das Kohlenstoffatom der NCN-Einheit bei 143.2 ppm.

Die charakteristische BH-Bande bei 2583 cm^{-1} im IR-Spektrum ist zu höheren Wellenzahlen verschoben als bei der Lithiumverbindung **12**. Hingegen erscheint das Signal für die C=N-Schwingung bei exakt dem gleichen Wert, was wiederum auf das Vorliegen eines Amidins in **12** hinweist.

Die Massenspektren der Verbindungen **12** und **13** ähneln sich sehr stark. Ein Signal geringer Intensität bei *m/z* 270.3 entspricht dem Molpeak des freien Amidins. Alle weiteren Fragmentsignale sind exakt auch in der Lithiumspezies zu finden. Insbesondere gilt dies auch für den Basispeak bei *m/z* 227.2, der in diesem Fall dem [M – ^{i}Pr – H]$^+$-Bruchstück entspricht.

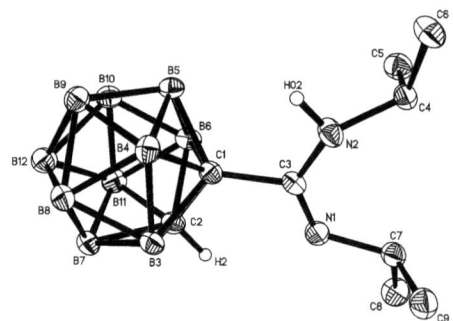

Abb. 42: Molekülstruktur von [(C$_2$B$_{10}$H$_{11}$)C(N^{i}Pr)(NH^{i}Pr)] **13**

Das Produkt kristallisiert in monoklinem Kristallsystem und der Raumgruppe P2$_1$/c. Auch in diesem Fall ist durch die unterschiedlichen Bindungslängen der Stickstoffatome zu C3 (1.274(3) und 1.3620(15) Å) eindeutig die Einfachbindung von der Doppelbindung zu unterscheiden. Dies ist in guter Übereinstimmung mit dem *(E)-N,N'*-Di(isopropyl)propiol-amidin [61a]. Überdies sind die Bindungswinkel um das Kohlenstoffatom der Amidineinheit nahezu identisch mit denen in **12**, und die Summe aller Winkel entspricht nahezu 360°.

3.3.2. Metallkomplexe des *N,N'*-Di(isopropyl)-*ortho*-carboranylamidino-Anions

Nach den überraschenden Ergebnissen der Koordinationsverhältnisse im Lithiumkomplex **12** sollte nun untersucht werden, inwieweit sich dieses Ergebnis bei Metallen verschiedener Gruppen des Periodensystems bestätigt. Die Wahl fiel auf Zinn, Chrom und Cer als Vertreter eines Hauptgruppen-, Nebengruppen- und 4f-Elements.

Ähnlich den Darstellungen von **5-7** wurde in den nachfolgend beschriebenen Synthesen die Lithiumvorstufe nicht isoliert, sondern *in situ* mit den entsprechenden Metallchloriden umgesetzt. Alle Reaktionen wurden in THF durchgeführt. Auf diesem Wege waren ein Zinn(II)-, zwei Chrom(II)- und ein Cer(III)-Komplex des neuen Ligandensystems zugänglich. Die ersten drei Verbindungen konnten mittels Einkristall-Röntgenstrukturanalyse charakterisiert werden. Diese bestätigten das Vorliegen von Carboranylamidino-Komplexen.

Schema 65 veranschaulicht die Synthese des Zinn(II)- und eines einkernigen Chrom(II)-Komplexes:

Schema 65

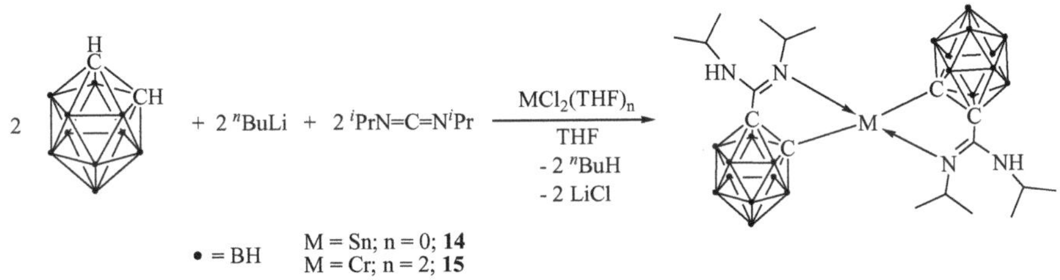

$$2 \text{ Carboran-CH} + 2\ ^n\text{BuLi} + 2\ ^i\text{PrN=C=N}^i\text{Pr} \xrightarrow[\text{THF} \\ -2\ ^n\text{BuH} \\ -2\ \text{LiCl}]{\text{MCl}_2(\text{THF})_n} \text{Komplex}$$

• = BH

M = Sn; n = 0; **14**
M = Cr; n = 2; **15**

Der Zinn(II)-Komplex **14** ist mäßig bis gut löslich in Toluol, THF und DME. Bei der Aufarbeitung des Reaktionsgemisches muss darauf geachtet werden, dass das THF nicht unter Erwärmen im Ölpumpenvakuum entfernt wird. In diesem Fall sinkt die Löslichkeit von **14** in den oben genannten Lösungsmitteln drastisch, was das anschließende Extrahieren mit Toluol sehr erschwert. Erstaunlicherweise schlägt die Farbe des Extrakts von anfänglich blass-gelb bei Raumtemperatur nach kurzer Zeit nach rot um. Zudem zeigen solche Lösungen eine sehr ausgeprägte Thermochromie. Bei Temperaturen unter 5 °C zeigt sich eine blaue Farbe, bei Raumtemperatur ist neben rot auch grün zu beobachten und bei über 50 °C ist eine deutliche Farbvertiefung nach weinrot zu erkennen. Bei allen diesen Farberscheinungen kristallisiert die Zielverbindung aus den farbigen Lösungen in Form farbloser, quaderförmiger Kristalle. Beim Lösen dieser Kristalle in THF liegt wiederum eine gelbe Lösung vor. Bei Luftkontakt zersetzen sich die Kristalle und werden matt.

Ergebnisse und Diskussionen

Die beschriebenen Farben des Komplexes **14** in Toluol und THF bei unterschiedlichen Temperaturen lassen vermuten, dass sich die Molekülstruktur in Lösungen wahrscheinlich von der im kristallinen Festkörper unterscheidet und eventuell Gleichgewichtsreaktionen vorliegen. Untermauert wird diese Vermutung durch NMR-Untersuchungen. Trotz des Diamagnetismus des Zinn(II)-Komplexes, waren auf Grundlage ermittelter Integralverhältnisse, Aufspaltungsmuster der Signale und 2-dimensionaler Spektren keine eindeutigen Zuordnungen möglich.

Im IR-Spektrum (KBr-Pressling) erscheint neben den Banden für die symmetrischen und asymmetrischen C-H-Streckschwingungen ein sehr starkes Signal bei 3411 cm^{-1}, das der N-H-Schwingung zuzuordnen ist. Bei einem ziemlich ähnlichen Wert (2581 cm^{-1}) wie bei **13** ist die typische BH-Bande zu finden. Das Vorliegen eines Carboranylamidino-Komplexes wird auch in diesem Fall durch die Existenz eines Signals bei 1666 cm^{-1} (C=N) bestätigt.

Anders als bei **12** kann im Massenspektrum von **14** ein Molpeak mit korrektem Isotopenmuster und schwacher Intensität identifiziert werden. Weitere Signale können den Fragmenten zugeordnet werden, die nach Abspaltung eines kompletten Carboranamidinoliganden entstehen. Sehr konstant erscheint in allen bisher behandelten Spektren der Peak bei *m/z* 270, der dem freien Carboranamidinofragment entspricht. Im Unterschied zu **12** und **13**, erscheint bei *m/z* 144.1 ein Peak mit mittlerer Intensität, der dem Carborankäfigbruchstück $[C_2B_{10}H_{10}]^+$ zugeordnet werden kann.

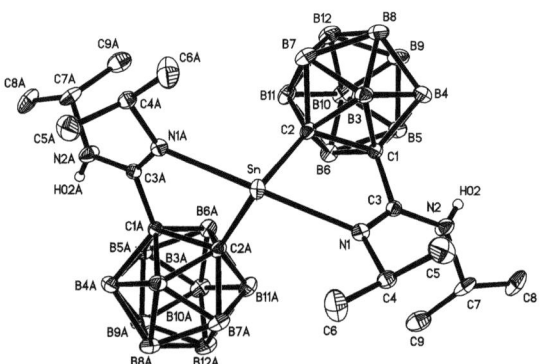

Abb. 43: Molekülstruktur von $[(C_2B_{10}H_{11})C(N^iPr)(NH^iPr)]_2Sn$ **14**

Die in Abb. 43 dargestellte Molekülstruktur beweist das Vorliegen eines Zinn(II)komplexes, in dem die beiden Liganden in Form des Carboranylamidins an das Metallzentrum gebunden sind. Das Molekül ist *C2*-symmetrisch und die Achse verläuft durch das Zinnatom. Die C=N-Bindungslänge liegt mit einem Wert von 1.287(3) Å nahe bei denen von **12** (1.2823(15) Å) und **13** (1.274(3) Å), was in guter Übereinstimmung mit den Beobachtungen im IR-Spektrum steht. Überdies sind auch, wie in **12**, in diesem Fall die Metallacyclen nahezu planar. Sie sind in einem Diederwinkel von 83.2° gegeneinander geneigt. Der größere Ionenradius des vierfach koordinierten Zinn(II)-Ions im Vergleich zum Li(I)-Ion [141] spiegelt sich in einem deutlich kleineren CSnN-Chelatwinkel von 73.03(7)° wider (CLiN: 87.81(9)°). Relativ unbeeinflusst von der Koordination verschiedener Metalle am sp^2-hybridisierten Stickstoffatom zeigt sich der N1C3N2-Winkel. In Analogie zur Lithiumverbindung **12** (130.74(11)°) liegt er mit einem Wert von 129.7(2)° im Bereich des freien Liganden. Der Sn-N1 beziehungsweise Sn-N1A-Abstand (2.497(2) Å) ist länger als im [8-CH(SiMe$_3$)C$_9$H$_6$N]SnBr (2.309(5) Å) [145], in dem das Metall auch über einen fünfgliedrigen Ring gebunden ist und das koordinierte Stickstoffatom sp^2-hybridisiert ist. Erwartungsgemäß kürzer ist der Wert im Vergleich zu [2,6-(CH$_2$NMe$_2$)$_2$C$_6$H$_3$]SnCl (2.525(8) und 2.602(8) Å) [146] (sp^3-N). Überdies liegen die Sn-C-Abstände in den genannten Zinn(II)-Komplexen ([145]: 2.236(5) Å; [146]: 2.158(8) Å) noch deutlich unter dem von **14** (2.318(3) Å). In gleichen Größenordnungen bewegen sich die literaturbekannten Sn(IV)-C-Bindungslängen in Carboranylkomplexen (2.120(9) bis 2.222(8) Å) [147, 148].

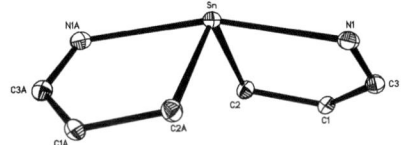

Abb. 44: Koordinationsumgebung am Metall in [(C$_2$B$_{10}$H$_{11}$)C(N^{i}Pr)(NH^{i}Pr)]$_2$Sn **14**

Bei Betrachtung der näheren Umgebung des Metallatoms fällt auf, dass sich das Zinn nicht im Zentrum des Koordinationspolyeders der Haftatome befindet (Abb. 44). Der hohe Raumbedarf des freien Elektronenpaares am Metall sorgt dafür, dass die beiden Liganden etwas weiter in die gleiche Raumrichtung orientiert sind. Deutlich sichtbar ist diese Tatsache an den Bindungswinkeln von 96.95(12)° (C2-Sn-C2A) und 161.40(9)° (N1-Sn-N1A). Zudem richten sich auch die beiden sehr raumerfüllenden Carborankäfige nach unten aus, so dass nach oben genug Platz für die freien Elektronen bleibt.

Das Bis[*N,N'*-Diisopropyl(*ortho*-carboranyl)amidino]chrom(II) **15** wurde ebenfalls gemäß Schema 65 synthetisiert. Das Reaktionsprodukt ist gut in Toluol und THF, mäßig gut in Cyclopentan und Pentan löslich. Zur Abtrennung des entstandenen Lithiumchlorids konnte demzufolge Toluol verwendet werden. Das Produkt kristallisierte bei 5 °C deutlich sichtbar in zwei unterschiedlichen Kristallarten. Nähere Untersuchungen unter dem Mikroskop zeigten jedoch, dass es sich bei den blauen, quaderförmigen und grünen, nadelartigen, kleinen Kristallen um ein und dasselbe Produkt handelte. Werden sie im Licht gedreht, so wechseln sie die Farbe und zeigen Dichroismus. Toluollösungen des Komplexes sind einheitlich tiefblau. Die im Ölpumpenvakuum getrockneten Kristalle haben einen bläulich-glänzenden Schimmer. Die Verbindung ist im festen und gelösten Zustand äußerst luftempfindlich und zersetzt sich nach wenigen Sekunden unter Braunfärbung. Aufgrund des Paramagnetismus des Komplexes **15** wurden keine auswertbaren NMR-Daten erhalten.

Einen ersten Hinweis, dass auch der Chrom(II)-Komplex in der Amidinoform vorliegt, lieferten IR-Untersuchungen. Die typische C=N-Bande liegt bei 1666 cm^{-1}. Ferner bestätigt eine Bande bei 3403 cm^{-1} das Vorliegen einer N-H-Bindung und damit eines Amidins im Molekül. Das charakteristisch sehr starke Signal für die B-H-Schwingung liegt mit 2577 cm^{-1} im gleichen Bereich wie beim Zinn(II)-Komplex **14**.

Die erfolgreiche Synthese der Chromverbindung konnte auch durch MS-Untersuchungen bestätigt werden. Der Molpeak wird bei *m/z* 591.2 gefunden. Es folgt kein weiteres Signal, das einem Chrom-enthaltenden Fragment zugeordnet werden kann. Lediglich die schon bei **12** und **14** beobachteten Bruchstücke des Ligandensystems werden auch in diesem Fall beobachtet.

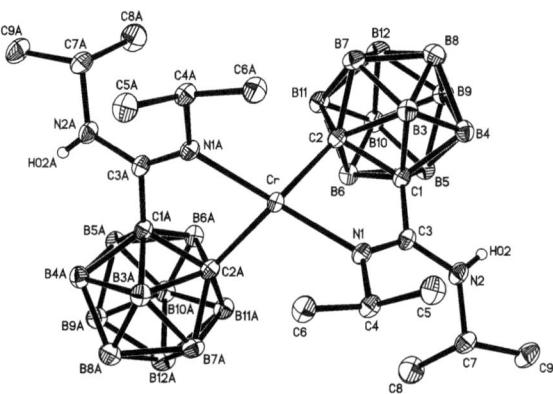

Abb. 45: Molekülstruktur von [(C$_2$B$_{10}$H$_{11}$)C(N^{i}Pr)(NH^{i}Pr)]$_2$Cr **15**

Auch im Fall der einkernigen Chrom(II)-Verbindung des Carboranylliganden **15** konnte das Vorliegen des Komplexes in der Amidinform durch eine Einkristall-Röntgenstrukturanalyse zweifelsfrei bewiesen werden (Abb. 45). Genauso wie der Zinn(II)-Komplex liegt **15** monomer vor und ist *C2*-symmetrisch. Die Symmetrieachse verläuft durch das Metallzentrum. Ein wesentlicher Unterschied der beiden Strukturen von **14** und **15** ist die Bindungssituation am Zentralatom.

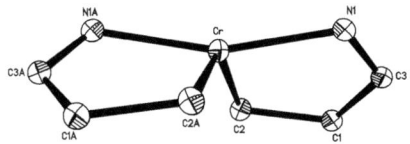

Abb. 46: Koordinationsumgebung am Metall in [(C$_2$B$_{10}$H$_{11}$)C(N^{i}Pr)(NH^{i}Pr)]$_2$Cr **15**

Das Metall ist stark verzerrt tetraedrisch koordiniert (Abb. 46). Die Abweichung von der von Chrom(II)-Ionen bevorzugten quadratisch-planaren Koordinationsgeometrie [149] kann mit dem räumlichen Anspruch der beiden Liganden erklärt werden. Der C2-Cr-C2A-Winkel mit einem Wert von 131.30(12)° liegt deutlich über dem der Zinnspezies **14** (96.95(12)°). Ferner ist in diesem Fall der N1-Cr-N1A-Winkel mit 161.45(10)° in die entgegengesetzte Raumrichtung zum C2-Cr-C2A-Winkel orientiert. Wie in den bereits beschriebenen Metallkomplexen dieses Liganden ist der Chelatring nahezu planar, und die beiden Ringe sind mit einem Diederwinkel von 55.7° gegeneinander geneigt. Der C3-N1-Abstand (1.303(3) Å) und N1-C3-N2-Winkel (128.8(2)°) weisen ähnliche Werte wie in **12** und **14** auf. Die Cr-C2-Bindungslänge liegt mit einem Wert von 2.157(2) Å im Bereich bereits beschriebener Chrom(II)-Alkyle ([^{t}BuCH$_2$]$_2$Cr(DIPPE): 2.149(8) Å [149]; [Me$_3$SiCH$_2$]$_2$Cr(DIPPE): 2.128(4) Å [149]; (PhCH$_2$)$_2$Cr(TMEDA): 2.177(2) Å [150]; [PhC(Me$_2$)CH$_2$]$_2$Cr(TMEDA): 2.146(3) Å [150]). Der Cr-N1- beziehungsweise Cr-N2-Abstand ist mit 2.082(19) Å kürzer als in (Mes)$_2$Cr(BIPY) (2.131(4) und 2.137(4) Å) [151], in dem das Metall ebenfalls an sp^2-hydrisierte Stickstoffatome koordiniert ist, aber auch sterisch sehr anspruchsvolle Mesitylliganden trägt. Ähnliche Werte zeigen sich im [(Pz'Me)Cr(µ-Cl)]$_2^{2+}$ (Pz' = 3,5-Dimethylpyrazol-1-yl) mit 2.091(3) und 2.087(3) Å. Die Bindungslänge zum dritten Stickstoffatom ist aufgrund asymmetrischer Bindungsverhältnisse mit 2.290(3) Å signifikant länger [152]. In guter Übereinstimmung damit, dass der Ionenradius von Chrom(II) zwischen denen von Lithium(I) und Zinn(II) liegt [141], ist auch der C2-Cr-N1-Chelatwinkel mit 82.06(8)° größer als in **14** (73.03(7)°) und kleiner als in **12** (87.81(9)°).

Nach den überraschenden Ergebnissen bei der Synthese und Charakterisierung von Carboranylamidino-Komplexen, war es von großem Interesse, weitere Verbindungen unterschiedlicher stöchiometrischer Zusammensetzungen zu untersuchen. Zu diesem Zweck wurde das Chromdichlorid-THF-Addukt und der Ligand im Molverhältnis 1:1 umgesetzt. Das Resultat war ein zweikerniger, chloro-verbrückter Chrom(II)-Komplex.

Schema 66

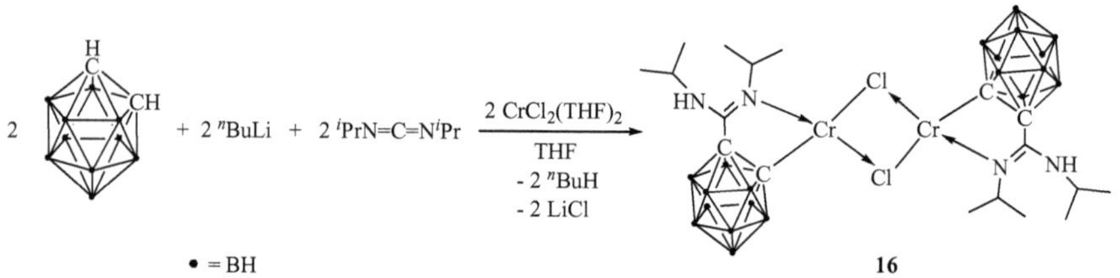

$$2 \text{ } [carboran] + 2 \text{ }^n\text{BuLi} + 2 \text{ }^i\text{PrN=C=N}^i\text{Pr} \xrightarrow[\substack{-2 \text{ }^n\text{BuH} \\ -2 \text{ LiCl}}]{\substack{2 \text{ CrCl}_2(\text{THF})_2 \\ \text{THF}}} \textbf{16}$$

● = BH

Der Zielkomplex **16** ist gut in Toluol und THF, weniger gut in Cyclopentan, und schlecht in Pentan löslich. Zur Aufarbeitung wurde Toluol verwendet. Einen ersten Hinweis auf einen Unterschied in der Struktur zu **15** war die blau-grüne Farbe der Lösung. Hingegen ähneln die quaderförmigen, dünnen Kristalle von in ihrem Habitus sehr denen des einkernigen Chrom(II)-Komplexes. Ferner zeigen sie auch Dichroismus, denn unter dem Mikroskop ist ein Farbwechsel zwischen blau und grün erkennbar. Wird jedoch das kristalline Produkt isoliert und getrocknet so zeigt sich ein weiterer Unterschied zu **15**, denn in diesem Fall sind die Kristalle türkisfarben. Erwähnenswert ist die relativ geringe Ausbeute von 23% (**15**: 45%). Erwartungsgemäß ist das Produkt luftempfindlich und zersetzt sich in festem und gelöstem Zustand unter Farbwechsel nach braun-grau. Auch in diesem Fall waren aufgrund des Paramagnetismus der Verbindung **16** keine auswertbaren NMR-Spektren erhältlich.

Die IR-Spektren der beiden Chrom(II)-Verbindungen sind sehr ähnlich. Herauszustreichen ist, dass die sehr starke, charakteristische Bande bei 2577 (**15**) und 2578 cm^{-1} (**16**) für die B-H-Schwingung nahezu identisch sind. Sehr konstant erscheint die C=N-Bande wieder bei nahezu dem gleichen Wert (1667 cm^{-1}) wie in allen bisher beschriebenen Verbindungen. Eine weitere Bestätigung der Amidinoform ist das Vorliegen einer Bande für die N-H-Schwingung (3404 cm^{-1}) und zum anderen die Abwesenheit typischer NCN-Banden.

Die IR-Analyse sowie das Auffinden eines Molpeaks bei m/z 712.8 mit 100% Intensität im Massenspektrum untermauern die erfolgreiche Synthese von Verbindung **16**. Neben dem Molpeak ist zudem auch das monomere Fragment bei m/z 355.9 sichtbar. Wie in allen anderen beschriebenen Metallkomplexen zeigt sich bei m/z 227.1 auch in diesem Fall der Peak, der sich dem [(^{i}PrN=)(^{i}PrNH)C(C$_2$B$_{10}$H$_{10}$) – ^{i}Pr – H]$^+$-Fragment zuordnen lässt.

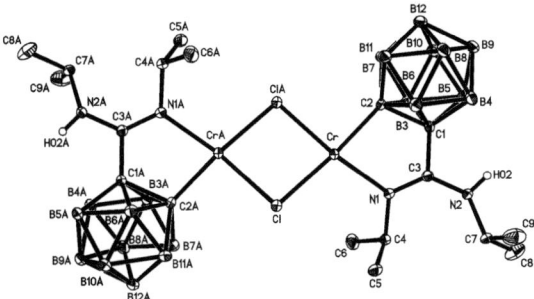

Abb. 47: Molekülstruktur von {[(C$_2$B$_{10}$H$_{11}$)C(N^{i}Pr)(NH^{i}Pr)]Cr(µ-Cl)}$_2$ **16**

Die erfolgreiche Synthese des zweikernigen, chloro-verbrückten Chrom(II)-Komplexes **16** konnte zweifelsfrei durch die Einkristall-Röntgenstrukturanalyse (Abb. 47) belegt werden. Auch in diesem Fall liegt die Carboranylamidino-Form vor, was in guter Übereinstimmung mit den bisher dargestellten Analysendaten steht. Das Molekül ist *C2*-symmetrisch und die Symmetrieachse steht senkrecht auf dem viergliedrigen [Cr(µ-Cl)]$_2$-Ring. Zudem verläuft sie durch den Schnittpunkt der Diagonalen Cr-CrA und Cl-ClA. Die Eckpunkte der Cr$_2$Cl$_2$-Einheit liegen aufgrund dieser Symmetrie ideal in einer Ebene. Kleine Abweichungen der Cr-Cl-Bindungslängen bestätigen dies (2.4000(6) und 2.3789(7) Å). Sie liegen damit im Bereich von [(Pz'CH$_3$)Cr(µ-Cl)]$_2^{2+}$ (2.384(1) und 2.376(1) Å) [152]. In anderen Fällen werden häufig sehr asymmetrische Cr$_2$Cl$_2$-Einheiten beschrieben, beispielsweise bei {Cr(µ-Cl)(DIPPE)}$_2$ mit 2.381(2) und 2.623(2) Å und 2.379(2) und 2.589(2) Å [154] oder bei {[N(SiMe$_2$CH$_2$PPh$_2$)$_2$]Cr(µ-Cl)}$_2$ mit 2.397(3) und 2.529(4) Å [153].

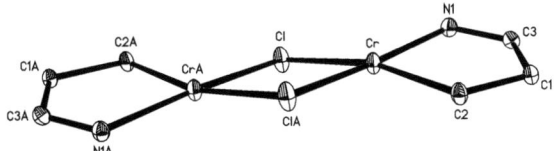

Abb. 48: Koordinationsumgebung am Metall in {[(C$_2$B$_{10}$H$_{11}$)C(N^{i}Pr)(NH^{i}Pr)]Cr(µ-Cl)}$_2$ **16**

Die für vierfach koordinierte Chrom(II)-Komplexe bevorzugte quadratisch-planare Koordinationsgeometrie [149] kann auf Grundlage der Winkelsumme an den Metallzentren (ca. 362°) für **16** bestätigt werden. Dies ist ein wesentlicher Unterschied zur einkernigen Chrom(II)-Verbindung **15** und ein deutlicher Hinweis auf den höheren sterischen Anspruch der Liganden im letztgenannten Komplex. Eine geringe Abweichung von der idealen Planarität zeigt der Diederwinkel zwischen den Cl-Cr-ClA- und N1-Cr-C2-Ebenen von 15.9°. Wie in Abb. 48 gezeigt, sind die N1-Cr-C2- und N1A-CrA-C2A-Ebenen in der gleichen Raumrichtung gegen die Cr$_2$Cl$_2$-Einheit geneigt. Auf den Chelatwinkel hat die Koordinationsgeometrie in **16** augenscheinlich keine große Auswirkung, denn mit einem Wert von 82.06(8) Å liegt er sehr nahe bei dem des einkernigen Komplexes. Die Cr-N-Bindungslänge im zweikernigen Komplex ist nur wenig länger (ca. 0.031 Å) als in **15**. Ein deutlicherer Unterschied liegt hingegen bei der Cr-C2-Bindungslänge vor. Sie ist mit 2.0854(18) Å um ca. 0.072 Å kürzer und liegt damit im Bereich von aromatischen Chrom(II)-Komplexen. Beispiele dafür sind (Mes)$_2$Cr(BIPY) (2.099(5) und 2.130(5) Å) [151], (Mes)$_2$Cr(THF) (2.083(11) Å) [151] und {[2,6-(DIPP)$_2$C$_6$H$_3$]Cr(μ-NMe$_2$)$_2$}$_2$ (2.123(2) Å) [155].

Nach den Ergebnissen der unerwarteten Bindungssituation in Haupt- und Nebengruppen-Komplexen des neuen Ligandensystems, war es ein wesentliches Ziel dieser Arbeit, auch entsprechende Lanthanoidverbindungen zu synthetisieren. Dabei war zu erwarten, dass der sterische Anspruch des Liganden so groß ist, dass lediglich zweifach substituierte Komplexe gebildet werden. Daher wurde ein Äquivalent Certrichlorid mit zwei Äquivalenten des Liganden umgesetzt (Schema 67).

Schema 67

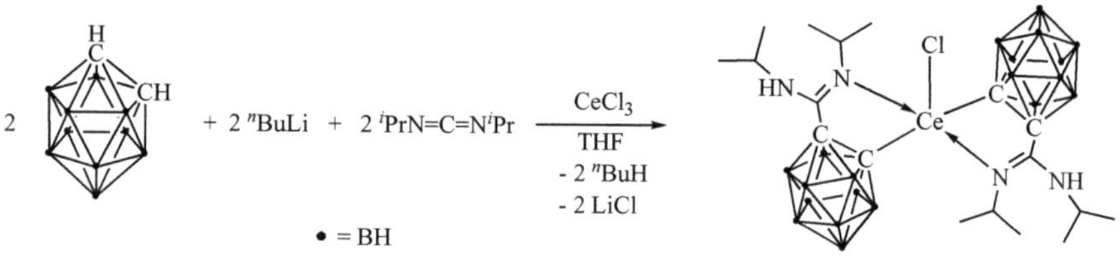

Einen ersten Hinweis auf eine erfolgreiche Umsetzung lieferte die für Cer(III)-Komplexe typisch gelbe Farbe des Reaktionsgemisches. Nach zahlreichen Versuchen wurde als geeignetes Lösungsmittel für die Aufarbeitung Methylenchlorid gefunden. Aus Lösungen in CH$_2$Cl$_2$ kristallisiert der Komplex **17** in Form kräftig goldgelber, quaderförmiger Kristalle. Unglücklicherweise eigneten sich diese nicht für eine Röntgenstrukturanalyse. Zahlreiche Versuche, Kristalle geeigneter Qualität zu züchten, schlugen fehl. Das Produkt ist erwartungsgemäß extrem luftempfindlich und zersetzt sich bei Luftkontakt nach Sekundenbruchteilen sowohl im festen als auch gelösten Zustand unter Braunfärbung. Die Verbindung ist sehr gut in THF, DME und Methylenchlorid löslich. Hingegen ist sie komplett unlöslich in Pentan. In Toluol aufgenommen, entstehen viskose, klebrige Lösungen, aus denen das Lösungsmittel nur sehr schwer wieder entfernt werden kann. Lösungsversuche in Acetonitril führten zu einem spontanen Farbwechsel nach rot. Anschließende Versuche, das Lösungsmittel restlos zu entfernen, schlugen fehl. Insbesondere war es nicht wieder möglich, das ursprünglich gelbe Produkt zurückzugewinnen.

Trotz des Paramagnetismus des entstandenen Produkts, waren auswertbare NMR-Daten zugänglich. Die Signale für die Isopropylgruppen erscheinen in Form von Dubletts (Methylgruppen) bei 1.01 und 1.14 ppm und das dazugehörige Septett der Me$_2$C$\boldsymbol{H}$-Protonen bei 3.73 ppm mit Kopplungskonstanten von 6.1, 6.3 und 6.0 Hz. Einen ersten Hinweis auf das Vorliegen des Komplexes in der Amidino-Form lieferte das Signal bei 4.17 ppm. Die Auswertung der Integralverhältnisse und 2-dimensionale NMR-Messungen (HSQC) zeigten eindeutig, dass es sich um das Signal handelt, das den NH-Protonen zuzuordnen ist. In Übereinstimmung damit war im ^{13}C-NMR-Spektrum kein Signal für das Kohlenstoffatom der Amidinateinheit eines Cer(III)-Komplexes (Vergleich Komplexe **1**, **2**, **4**, **5**: 171.3 – 199.1 ppm) nachzuweisen, sondern vielmehr ein deutlich hochfeldverschobenes Signal bei 142.0 ppm. Die BH-Protonen treten als breites Signal bei 1.45-3.40 ppm in Resonanz.

Das Vorliegen von Amidinfunktionalitäten ergab sich durch das Auftreten charakteristischer Banden im IR-Spektrum. Die typische Bande für die C=N-Schwingung bei 1667 cm^{-1} in **12-16** wurde auch in diesem Fall gefunden. Ferner lässt sich die schwache Bande bei 3393 cm^{-1} wieder der N-H-Schwingung zuordnen. Bei nahezu gleichem Wert wie bei den Chrom(II)-Komplexen erscheint auch für die Cer(III)-Spezies die breite B-H-Bande.

Im Massenspektrum ist kein Molpeak zu erkennen. Es zeigen sich lediglich Peaks der Bruchstücke des Carboranyliganden, unter ihnen wieder das Signal bei m/z 227.2 mit hoher Intensität ([(^{i}PrN=)(^{i}PrNH)C(C$_2$B$_{10}$H$_{10}$) – ^{i}Pr – H]$^+$).

Um weitere Informationen über das entstandene Produkt zu erhalten, wurde das kristalline Produkt im Ölpumpenvakuum vier Stunden lang bei 60 °C getrocknet, durch Luftkontakt oxidiert und mit konzentrierter Salpetersäure behandelt. Der anschließend nasschemisch durchgeführte Chloridtest verlief positiv. Um auszuschließen, dass es sich um anhaftendes Methylenchlorid handelt, wurde eine Blindprobe durchgeführt, die negativ verlief.

Alle bisherigen Informationen zusammengenommen, scheint die Umsetzung erfolgreich gewesen zu sein, insbesondere ist gewiss, dass es sich um eine Cer(III)-Verbindung handeln muss (Farbe und Luftempfindlichkeit), im Komplex der Carborankäfig enthalten ist (NMR-, IR- und MS-Spektren), eine Amidineinheit vorliegt (NMR- und IR-Spektren) und ein oder mehrere Chloroliganden im Komplex enthalten sind. Aufgrund des Ausbleibens des Molpeaks im MS-Spektrum und der relativ schlechten Elementaranalyse ist eine eindeutige Aussage zur Anzahl der Liganden im Komplex nicht möglich. Die Analysenwerte weisen jedoch auf einen zweifach substituierten Komplex gemäß Schema 67 hin.

Die Einführung des *ortho*-Carborans in das Rückgrat eines Amidinatliganden und anschließende Synthesen von Metallkomplexen ergab die unerwartete Bindung des Metalls an das Kohlenstoffatom des Carborankäfigs. Das Stickstoffatom der Amidinat-Einheit bleibt protoniert, so dass solche Verbindungen korrekter als Carboranylamidino-Komplexe zu bezeichnen sind. Die Molekülstrukturen von **12** und **14-16** bestätigten zweifelsfrei diesen Koordinationsmodus für Elemente verschiedener Gruppen des Periodensystems, im Falle des Chroms auch für einen zweikernigen Komplex (**16**). Die durchgeführten NMR-Analysen von **12** und **17** belegen das Vorliegen der M-$C_{Käfig}$-Bindung auch in Lösung (**12**: THF-d_8; **17**: CD_2Cl_2). Dennoch scheinen sich vereinzelt in Lösung komplexere Vorgänge abzuspielen, denn für die diamagnetische Zinn(II)-Verbindung **14** waren keine auswertbaren NMR-Spektren in THF-d_8 oder C_6D_6 erhältlich. Zudem zeigt dieses Produkt in Toluol eine ausgeprägte Thermochromie, wohingegen es in festem Zustand farblos ist. Die IR-Daten (KBr-Pressling) zeigen in allen Fällen ein homogenes Bild bezüglich charakteristischer Werte (NH, C=N, BH). Am unempfindlichsten gegenüber der Koordination verschiedener Metalle ist der C=N-Wert mit 1667 cm^{-1}.

3.4. Lanthanoid(III)- und Lanthanoid(IV)-Komplexe des *N,N',N''*-Tris(3,5-di-*tert*-butylsalicylidenamino)triethylamins

In diesem Teil der Arbeit stand der Fokus auf der Erforschung des Reaktionsverhaltens von {N[CH$_2$CH$_2$N=CH(2-O-3,5-^{t}Bu$_2$C$_6$H$_2$)]$_3$}CeCl (= Ce(Trendsal)Cl) [11]. Wesentliche Vorteile gegenüber den bereits bekannten halogen-funktionalisierten Cer(IV)-Komplexen ([N(CH$_2$CH$_2$N(Si^{t}BuMe$_2$)$_3$]CeI [12], [(Me$_3$Si)$_2$N]$_3$CeCl [13a], [(Me$_3$Si)$_2$N]$_3$CeBr [13b] und [(Me$_3$Si)$_2$N]$_3$CeCl(NCC$_6$H$_4$OMe) **9**) sind erstens die einfache Synthese ohne empfindliche Cer(III)-Vorstufe, und zweitens die Luftstabilität des tripodalen Schiff-Basenkomplexes. Ce(Trendsal)Cl ist in großen Mengen erhältlich und bequem handhabbar und dosierbar. Bei den nachfolgenden Experimenten war das Hauptaugenmerk dabei auf drei Aspekte gerichtet: Erstens die Synthese des Cer(III)-Analogons Ce^{III}(Trendsal) und im Falle des Erfolgs der Vergleich mit dem literaturbekannten Ce^{III}(Trensal) in Hinblick auf den Einfluss der sterisch anspruchsvollen *tert*-Butylgruppen. Zweitens, ob es möglich ist, den Chloroliganden zu substituieren. Aussichtsreich schien dabei der Einsatz des „schlanken" Azidoliganden zu sein, da dieser mit einer hohen Wahrscheinlichkeit der Koordinationssphäre des Cer(IV) nahe genug kommt, um eine kovalente Bindung aufbauen zu können. Aus der Tatsache heraus, dass bisher in der Literatur kein Beispiel eines Cer(IV)-Kations zu finden ist, ergab sich der dritte Schwerpunkt der Forschungen: Ist dieses tripodale Ligandensystem befähigt, ein solches Kation zu stabilisieren und isolierbar zu machen?

3.4.1. Lanthanoid(III)-Komplexe des *N,N',N''*-Tris(3,5-di-*tert*-butylsalicylidenamino)-triethylamins

Entgegen den Resultaten von Bernhardt et al. [18] waren analoge Versuche, Ce^{III}(Trendsal) **18**, durch Reaktion von Certrichlorid mit 3,5-Di-*tert*-butylsalicylaldehyd und Tris(2-aminoethylamin) unter Schutzgasatmosphäre zu erhalten, nicht erfolgreich. Auch der direkte Einsatz des freien Liganden H$_3$Trendsal führte nicht zu einem reinen Produkt. In allen Fällen wurden lediglich Gemische von Cer(III)- und Cer(IV)-Verbindungen isoliert. Arbeiten von Dutt et al. bestätigen dieses Phänomen beim Einsatz von Schiff-Basen-Liganden [156]. Ausgehend vom Cer(IV)-Komplex Ce(Trendsal)Cl brachte die Reduktion mit Kalium den Erfolg.

Schema 68

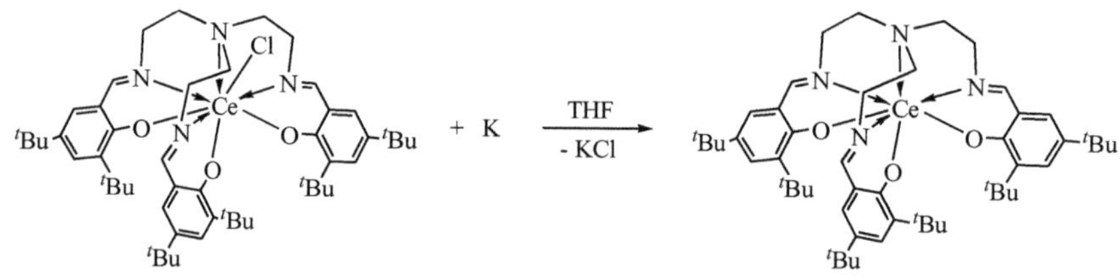

Der Cer(III)-Komplex **18** ist in Toluol, THF und Diethylether gut löslich. In Pentan hingegen ist er nahezu unlöslich. Das Produkt kann in hohen Ausbeuten (92%) aus Toluol in Form kräftig orangefarbener Mikrokristalle isoliert werden. Sie sind in fester und gelöster Form im Vergleich zu den beschriebenen Cer(III)-Amidinatokomplexen nur mäßig luftempfindlich und zersetzen sich nach wenigen Sekunden unter Braunfärbung. Quaderförmige Einkristalle, die sich für eine Röntgenstrukturanalyse eigneten, waren aus Diethylether erhältlich.

Neben der Farbe der neuen Verbindung bestätigen die stark paramagnetisch verschobenen Signale in den NMR-Spektren die erfolgreiche Synthese. Die Protonensignale überstreichen einen Bereich von über 30 ppm. Am deutlichsten wird der Einfluss des paramagnetischen Cer(III)-Ions bei den metallnahen Protonen. So sind die Signale für die Protonen der Methylenbrücke mit -9.71 und -12.41 ppm deutlich weiter hochfeldverschoben im Vergleich zum Cer(IV)-Edukt (4.30, 3.76, 3.61 und 3.06 ppm) [11]. Ferner ist der Peak für die Protonen der Imineinheiten mit 17.99 ppm bei einem deutlich höheren Wert zu finden (Ce(Trendsal)Cl: 8.70 ppm) [11]. Unterschiede lassen sich auch bei der chemischen Verschiebung des Kohlenstoffatoms der CO-Einheit finden. Im Spektrum des Produkts erscheint dieses Signal tieffeldverschoben (188.1 ppm) im Vergleich zum Edukt (166.5 ppm) [11]. Kleinere Abweichungen in den Werten der übrigen Signale sind vorranging Lösungsmitteleffekten (in [11]: CD_3CN; für **18**: C_6D_6) zuzuschreiben.

Neben den Banden für die symmetrischen und asymmetrischen C-H-Streckschwingungen der Methyl- und Methylengruppen zeigt sich im IR-Spektrum die charakteristische Bande für die C=N-Schwingung bei 1619 cm^{-1} [129e]. Der Wert liegt im Bereich des Sm(Trendsal) [22] und Gd(Trendsal) [23], aber unter dem des freien Liganden mit 1632 cm^{-1} [22] und deutlich unter dem der Carboranylamidinkomplexe **12** und **14 - 17** (1667 cm^{-1}). Für Ce(Trendsal)Cl beträgt dieser Wert 1618 cm^{-1} [157], wonach sich zur Cer(III)-Verbindung **18** kein wesentlicher Unterschied feststellen lässt.

Die hohe Stabilität des Zielkomplexes, bedingt durch den einkapselnden tripodalen Liganden, zeigt sich durch das Auftreten eines Molpeaks mit korrektem Isotopenmuster und maximaler Intensität bei *m/z* 931.7 im Massenspektrum. Danach folgt ein Signal bei *m/z* 916.6, das dem Bruchstück zugeordnet werden kann, das sich durch Abspaltung einer Methylgruppe aus dem Komplex ergibt. Die Abspaltung eines Armes des Liganden ergibt das Fragment bei *m/z* 673.3.

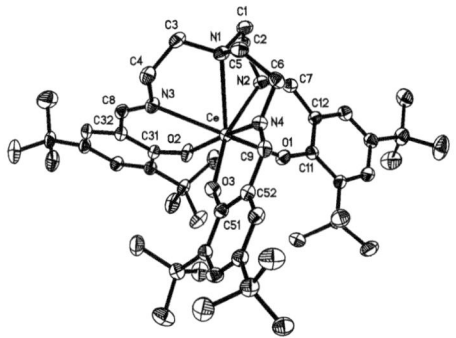

Abb. 49: Molekülstruktur von {N[CH$_2$CH$_2$N=CH(2-O-3,5-^{t}Bu$_2$C$_6$H$_2$)]$_3$}Ce **18**

Die Koordinationsgeometrie um das Metallzentrum lässt sich als einfach überkappter, verzerrter Oktaeder beschreiben, in dem das Amin-Stickstoffatom (N1) die überkappende Ecke darstellt (Abb. 49). Die nur geringen Abweichungen bei den N$_{Imin}$-Ce-N$_{Imin}$- und O-Ce-O-Winkeln (Durchschnitt: 102.8° und 97.2°) belegen die quasi symmetrische Anordnung der drei Arme um das Metallzentrum. Die Einführung der *tert*-Butylgruppen hat keinen signifikanten Einfluss auf den LnN$_4$O$_3$-Kern, denn die Chelatwinkel der einzelnen Arme liegen mit durchschnittlichen Werten von 64.5° (N1-Ce-N$_{Imin}$) und 68.6° (N(x+1)-Ce-O$_x$; x = 1-3) im Bereich der unsubstituierten Verbindung (64.51(7) und 70.42(9)°) [18]. Gleiche Resultate zeigten sich auch bei den bereits bekannten Neodym- [22], Samarium- [22] und Gadoliniumkomplexen [23]. Wie in allen bekannten Fällen von Trensal- und Trendsalkomplexen der Lanthanoide [18-23] ist auch in **18** die Bindungslänge zum Amin-Stickstoffatom (2.860(2) Å) deutlich länger als zu den Imin-Stickstoffatomen (Durchschnitt: 2.619 Å).

Versuche, das Ce(Trendsal) **18** in definierte Oxidationsprodukte zu überführen, schlugen fehl. Zum Einsatz kamen Silbertetraphenylborat, Benzochinon und Phenylioddichlorid. Eine Braunfärbung im Verlauf dieser Reaktionen war zwar ein deutlicher Hinweis auf Oxidationsprozesse, aber reine Cer(IV)-Verbindungen konnten nicht isoliert werden.

Zu Vergleichszwecken wurde das Eu(Trendsal) **19** synthetisiert. Zugänglich war dieser Komplex gemäß Schema 69 über eine templat-gestützte Synthese.

Schema 69

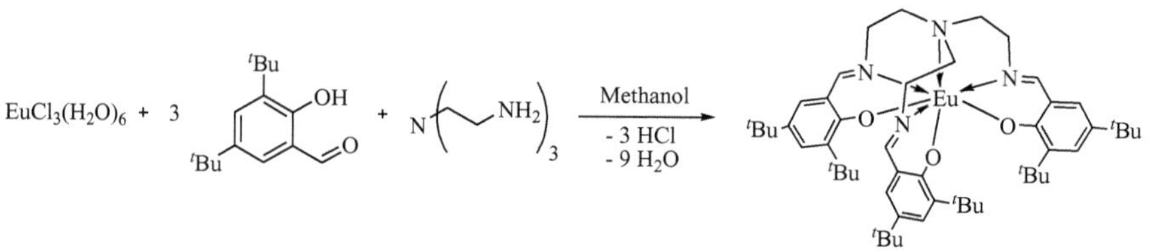

EuCl$_3$(H$_2$O)$_6$ + 3 [3,5-di-^{t}Bu-2-OH-C$_6$H$_2$-CHO] + N(CH$_2$CH$_2$NH$_2$)$_3$ $\xrightarrow[\text{− 9 H}_2\text{O}]{\text{Methanol, − 3 HCl}}$ **19**

Der Zielkomplex **19** ist gut in Methanol, Acetonitril, DME und THF, mäßig in Toluol und schlecht in Pentan löslich. Das Produkt kristallisiert aus Acetonitril und DME in Form kräftig gelber, quaderförmiger Kristalle, die sich für eine Röntgenstrukturanalyse eignen. NMR-Untersuchungen zeigten, dass im Vakuum alle Lösungsmittelmoleküle entfernt werden können. Im Unterschied zur Cer(III)-Spezies ist das Produkt erwartungsgemäß nicht luftempfindlich. Beim Erwärmen zersetzt sich **19** bei 234 °C unter Grünfärbung.

Der sehr ausgeprägte paramagnetische Charakter zeigt sich im ^{1}H-NMR-Spektrum des Komplexes. Dort sind Protonensignale im Bereich von -29.78 ppm bis 28.88 ppm zu finden. Dieser Einfluss kommt bei den metallnahen Protonen wieder sehr stark zum Ausdruck. So ist der Wert für das Signal der Protonen der Imineinheiten sehr weit hochfeldverschoben bei -29.78 ppm zu finden und damit ungefähr 47 ppm gegenüber dem entsprechenden Signal in der Cer(III)-Verbindung **18** verschoben. Zudem sind die Signale der Protonen der Methylenbrücke deutlich weiter tieffeldverschoben und erscheinen bei 28.88, 16.74, 11.52 und 3.39 ppm. Auch auf die weiter vom Metallzentrum entfernten Protonen hat das Europium(III)-Ion im Komplex einen Einfluss. Die Signale der Protonen der *tert*-Butylgruppen liegen sehr weit auseinander (7.28 und -0.28 ppm). Da sich der erste Wert deutlich von dem des freien Liganden unterscheidet (1.43 ppm, [22]), sollte er dem Substituenten in 3-Position am Ring zuzuordnen sein, da dort der Einfluss des Metallions größer ist. ^{13}C-NMR-Daten waren aufgrund des Paramagnetismus des Komplexes **19** nicht zugänglich.

Der IR-Bande bei 1619 cm^{-1} ist der C=N-Schwingung zuzuordnen.

Die hohe Stabilität des Komplexes bestätigt sich auch in diesem Fall durch das Vorhandensein eines Molpeaks mit hoher Intensität im Massenspektrum. Zudem erscheint, ebenso wie bei **18**, ein Peak, der dem [M − CH$_3$]$^+$-Fragment zugeordnet werden kann.

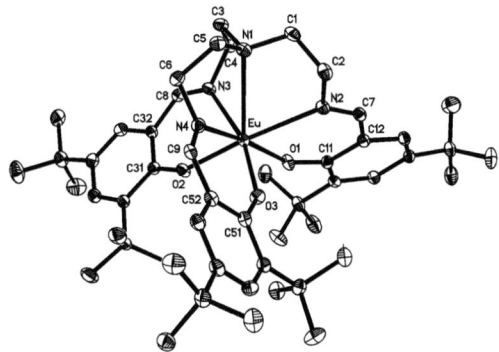

Abb. 50: Molekülstruktur von {N[CH$_2$CH$_2$N=CH(2-O-3,5-^{t}Bu$_2$C$_6$H$_2$)]$_3$}Eu·DME **19**·DME

Wie bereits erwähnt, wurden röntgenfähige Einkristalle aus DME und Acetonitril erhalten. Die aus DME erhaltenen Kristalle von **19** waren monoklin (Raumgruppe: C2/c). Bei Kristallisation aus Acetonitril liegen zwei unabhängige Molekülen in triklinem Kristallsystem vor (Raumgruppe: P-1). Die Werte für die Bindungslängen und –winkel beider Kristallsysteme zeigen keine signifikanten Abweichungen, und in beiden Fällen ist jeweils ein Lösungsmittelmolekül in der Elementarzelle enthalten. Bemerkenswert ist, dass selbst das „schlanke" Acetonitril nicht an das Metall koordiniert wird, obwohl die Koordination solcher Liganden auch bei sterisch anspruchsvollen Liganden, wie etwa in Tris(cyclopentadienyl)- [159] oder Tris(amidinato)komplexen [28], durchaus bekannt ist. Der Cer(III)-Komplex **1** ist ein weiteres Beispiel dafür. Das macht die Fähigkeit des Trendsal-Liganden deutlich auch große Metalle effektiv einzukapseln. In Abb. 50 ist die Molekülstruktur des DME-Addukts dargestellt. Aus Gründen der Übersichtlichkeit ist das unkoordinierte Lösungsmittelmolekül nicht gezeigt. Wie beim Cerkomplex **18** ist das Europium einfach überkappt, verzerrt oktaedrisch von den Haftatomen umgeben. Die quasi symmetrische Anordnung der Arme des Liganden kommt durch die geringe Streuung der Werte für die N$_{Imin}$-Eu-N$_{Imin}$- und O-Eu-O-Winkel zum Ausdruck. Aufgrund des kleineren Ionenradius des Europium(III) im Vergleich zum Cer(III) sind sämtliche Bindungslängen zu den Haftatomen des Liganden erwartungsgemäß kleiner. Die vorliegenden Daten der beiden Ln^{III}(Trendsal)komplexe zeigen, dass die Einführung der sperrigen *tert*-Butylgruppen keinen erkennbaren Einfluss auf die Koordinationsgeometrie m Metallzentrum besitzt und bestätigen damit Ergebnisse für die Fälle mit Ln = Nd und Sm [22].

3.4.2. Cer(IV)-Komplexe des *N,N',N''*-Tris(3,5-di-*tert*-butylsalicylidenamino)triethyl-amins

Wie erwähnt, lag in diesem Teil der Arbeit der Schwerpunkt auf der Substitution des Chloroliganden. Zunächst wurde die Einführung eines Azidoliganden über Salzmetathese in der Verbindung Ce(Trendsal)Cl untersucht:

Schema 70

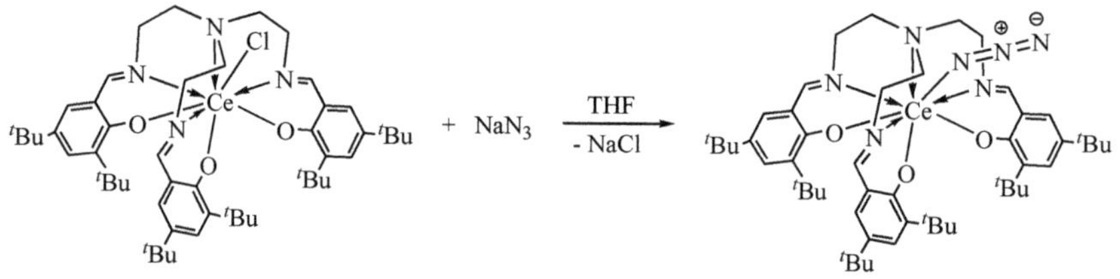

$$\text{Ce(Trendsal)Cl} + \text{NaN}_3 \xrightarrow[- \text{NaCl}]{\text{THF}} \textbf{20}$$

Das Natriumazid wurde in der Reaktion in großem Überschuss eingesetzt, da vorangegangene Versuche zeigten, dass die Reaktion sonst sehr langsam verläuft. Eine einsetzende Farbänderung von dunkelblau-violett nach dunkelrot-violett war bereits ein Hinweis auf eine erfolgreiche Umsetzung. Das entstandene Natriumchlorid konnte direkt durch Filtration abgetrennt werden. Der Zielkomplex **20** löst sich mäßig in THF und Acetonitril, schlecht in Toluol und ist nahezu unlöslich in Pentan. Aus Acetonitril wurden schwarze, quaderförmige Kristalle des Produkts **20** erhalten, die sich für eine Röntgenstrukturanalyse eigneten. Das Lösungsmittel ist in die Zelle mit eingebaut, kann aber durch intensives Trocknen am Ölpumpenvakuum entfernt werden. Der neue Cer(IV)-Komplex ist weder luft- noch feuchtigkeitsempfindlich.

Die NMR-Untersuchungen bestätigten das Vorliegen eines solvatfreien Komplexes. Darüber hinaus zeigt das Spektrum bereits geringe Unterschiede zum Ausgangskomplex. Am auffälligsten ist das Erscheinen der Signale für die *tert*-Butylgruppen als ein einziges breites Signal bei 1.27 ppm, während bei Ce(Trendsal)Cl zwei Signale erhalten werden (1.28 und 1.24 ppm) [11]. Der Grund dafür ist wahrscheinlich eine stärkere Einschränkung der Beweglichkeit dieser Gruppen im Chloridokomplex.

Eine sehr starke Bande bei 2044 cm^{-1} im IR-Spektrum von **20** lässt sich der asymmetrischen Streckschwingung des Azidoliganden zuordnen [129g], was die erfolgreiche Substitution des Chloro-Liganden bestätigt. Alle übrigen Werte gleichen wiederum denen des Edukts, einschließlich dem Wert für die C=N-Schwingung bei 1618 cm^{-1} [157].

Im Massenspektrum ist der Molpeak nur sehr schwach zu erkennen (0.02%), zeigt aber das erwartete Isotopenmuster. Weitere Fragmentsignale weisen darauf hin, dass der Azidoligand oder ein N$_2$-Bruchstück leicht vom Molekül abgespalten werden. Der Basispeak entspricht dem [M − N$_3$]$^+$-Fragment.

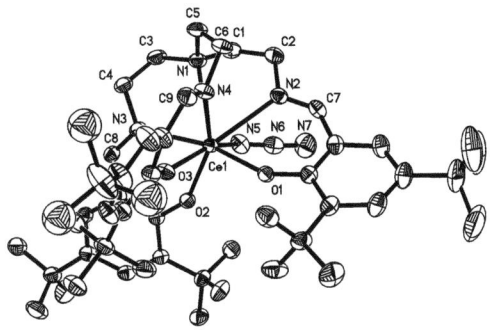

Abb. 51: Molekülstruktur von {N[CH$_2$CH$_2$N=CH(2-O-3,5-^{t}Bu$_2$C$_6$H$_2$)]$_3$}CeN$_3$ **20**

Das Produkt **20** kristallisiert im triklinen Kristallsystem (Raumgruppe: P-1) mit zwei unabhängigen Molekülen in der Elementarzelle. Das Metallzentrum ist stark verzerrt oktaedrisch, zweifach überkappt von den Haftatomen umgeben. Die Iminstickstoff- und Sauerstoffatome stellen dabei die Ecken des verzerrten Oktaeders dar. Die Bindungslängen zu den Haftatomen des tripodalen Liganden (Ce(x)-N$_{Amin}$: 2.762(2) - 2.773(2) Å; Ce(x)-N$_{Imin}$: 2.510(2) - 2.661(3) Å; Ce(x)-O: 2.1542(19) - 2.197(2) Å; x = 1,2) zeigen keine signifikanten Unterschiede zu Ce(Trendsal)Cl (Ce-N$_{Amin}$: 2.774(2) Å; Ce-N$_{Imin}$: 2.536(2) - 2.643(2) Å; Ce-O: 2.164(2) - 2.233(2) Å) und Ce(Trendsal)NO$_3$ (Ce-N$_{Amin}$: 2.808(2) Å; Ce-N$_{Imin}$: 2.569(2) - 2.626(2) Å; Ce-O: 2.188(2) - 2.228(2) Å) [11]. Insbesondere ist der Abstand zum Amin-Stickstoffatom größer als zu den Imin-N-Atomen.

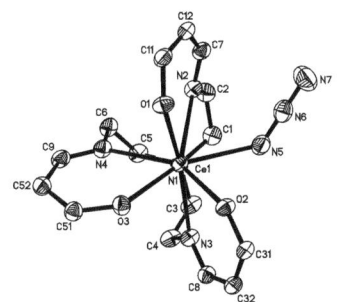

Abb. 52: Koordinationsumgebung am Metall in **20** (Blickrichtung entlang der Ce1-N1-Achse)

Die Koordination des Azidoliganden verursacht eine asymmetrische Anordnung der Arme des tripodalen Liganden um das Metall herum (Abb. 52). Der N2-Ce1-N3-Winkel (125.49(8)°) ist deutlich größer als der bei N2-Ce1-N4 (77.30(8)°) und N3-Ce1-N4 (95.41(8)°). Zudem sind die Ce1-N$_{Imin}$-Abstände (2.520(2) - 2.661(3) Å) weitaus inhomogener als in **18** (2.613(2) - 2.629(2) Å), in dem kein zweiter Ligand koordiniert ist. Die Chelatwinkel der fünf- und sechsgliedrigen

Metallacyclen bleiben von der Koordination des Azido-Liganden relativ unberührt. Das zeigt die geringe Streuung der Werte (N_{Amin}-Ce-N_{Imin}: 62.50(8) - 65.66(8)°; N_{Imin}-Ce-O: 67.93(7) - 71.60(8)°). Die Bindungslängen zum Azid sind mit 2.437(3) und 2.423(2) Å wesentlicher kürzer als die koordinativen Bindungen zu den übrigen Stickstoffatomen und liegen aber noch über Ce(IV)-N-Abständen in Amiden ([(Me$_3$Si)$_2$N]$_3$CeCl: 2.217(3) Å [13a]; **9**: 2.2226(15), 2.2165(16) und 2.2204(17) Å).

Aufgrund des hohen Oxidationspotentials des Cer(IV)-Ions ([E°(Ce$^{IV/III}$): 1.70V] [50e]), stellt es nach wie vor eine große Herausforderung dar, wohldefinierte Cer(IV)-Komplexe zu synthetisieren [12]. Umso erstaunlicher ist es, dass in einer einfachen Eintopf-Synthese eine Verbindung wie Ce(Trendsal)Cl zugänglich ist [11]. Die Gründe dafür sind in der Struktur des Liganden zu suchen. Neben seiner Fähigkeit, dem Metallzentrum durch seine vielen Haftatome eine hohe Elektronendichte zu bieten und damit hohe Oxidationszahlen zu stabilisieren, schützt sein hoher sterischer Anspruch gleichzeitig vor äußeren Angriffen. Dennoch ist das Trendsal^{3-} flexibel genug, auch eine gezielte Einführung neuer Liganden zu ermöglichen. Das Beispiel der Synthese von Ce(Trendsal) **18** zeigt, dass durch Reduktion der Chloroligand gut entfernt werden kann. Mit dem Ziel, das erste bekannte Cer(IV)-Kation zu erhalten, wurde das Ce(Trendsal)Cl mit NaBPh$_4$ umgesetzt.

Schema 71

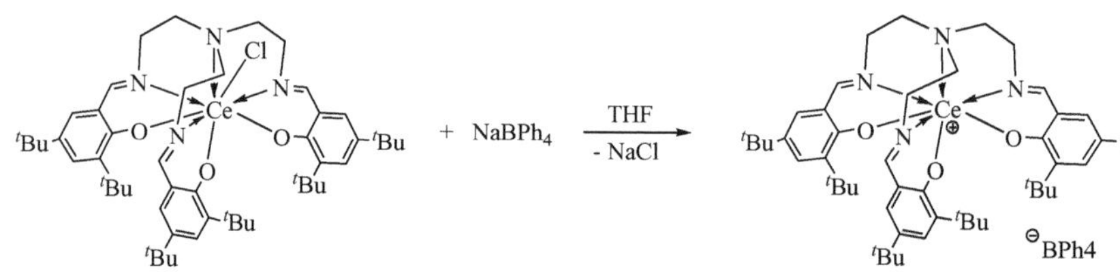

Im Gegensatz zur Synthese von **20** musste in diesem Fall das Alkalimetallsalz nicht im Überschuss zugegeben werden, und bereits nach wenigen Minuten war eine Farbänderung von dunkelblau-violett nach dunkelrot-violett zu verzeichnen. Die Reaktion war nach ca. 30 Minuten abgeschlossen. Das Produkt wurde aus Acetonitril in Form schwarzer, quaderförmiger Kristalle isoliert, die sich für eine Röntgenstrukturanalyse eigneten. Die schlechte Löslichkeit in unpolaren Lösungsmitteln war ein weiteres Anzeichen dafür, dass sich tatsächlich ein ionischer Komplex gebildet hatte. In THF, Aceton, DME und Acetonitril ist der Zielkomplex nur mäßig löslich. Die Ausbeute betrug 89%.

Beim Trocknen im Ölpumpenvakuum verliert [Ce(Trendsal)][BPh$_4$] **21**, ähnlich dem Ce(Trendsal)N$_3$ **20**, Acetonitril.

Das ^{1}H-NMR-Spektrum weist wesentliche Unterschiede zu dem des Edukts auf. Drei neue Signale bei 7.35, 6.92 und 6.77 ppm bestätigen das Vorliegen der aromatischen Protonen des Tetraphenylborat-Anions. Sie sind deutlich von denen des tripodalen Liganden zu unterscheiden, da sie in ihren Integralintensitäten kleiner sind, aber auch als Dubletts mit einer ^4J-Kopplungskonstanten von 2.4 Hz erscheinen. Interessanterweise sind die chemischen Verschiebungen der Protonen jeweils einer Methylgruppe nicht mehr gleich. Es erscheinen also nicht mehr nur zwei, sondern vier Signale, zwei davon als breite Dubletts und zwei als breite Tripletts. COSY-NMR-Messungen bestätigten, dass jeweils ein Dublett und ein Triplett die Signale der Protonen eines Kohlenstoffatoms darstellen. Das Auftreten von vier Peaks lässt auf eine geringere Beweglichkeit der Methylenbrücken im Molekül schließen.

Im IR-Spektrum konnten die erwarteten Banden für die B-C-Schwingungen des Tetraphenylborat-Anions nicht eindeutig zugeordnet werden. Die Bande für die C=N-Schwingung bei 1615 cm^{-1} hat bei nahezu den gleichen Wert wie im Ce(Trendsal)Cl (1618 cm^{-1}) [157].

Im Massenspektrum zeigt der Basispeak bei *m/z* 931.7 das [M – BPh$_4$]$^+$-Fragment an.

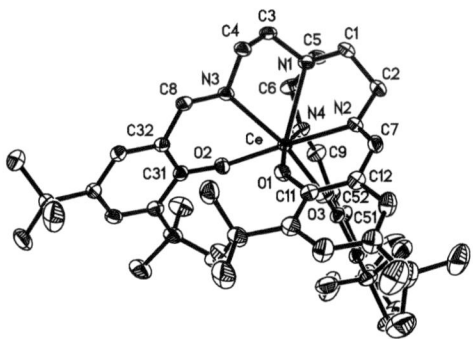

Abb. 53: Molekülstruktur von [N{CH$_2$CH$_2$N=CH(2-O-3,5-^{t}Bu$_2$C$_6$H$_2$)}$_3$Ce][BPh$_4$] **21** (aus Gründen der Übersichtlichkeit wird das Anion weggelassen)

Das Produkt kristallisiert im monoklinen Kristallsystem (Raumgruppe: P2$_1$/c). Die Koordinationsgeometrie entspricht wie bei **18** einem verzerrten, einfach überkappten Oktaeder (Abb. 53). Das Amin-Stickstoffatom die überkappende Ecke. Die geringen Abweichungen der N$_{Imin}$-Ce-N$_{Imin}$- (103.99(7) - 110.54(6)°) und O-Ce-O-Winkel (94.64(6) - 99.69(9)°) unterstreichen die quasi symmetrische Koordination der einzelnen Arme des Liganden. Aufgrund der positiven Ladung am Zentralion kommt es zu einer stärkeren Anziehung der Bindungselektronenpaare und damit einer Verkürzung der Bindungen. Die mittleren Ce-N$_{Imin}$-Abstände (2.482 Å) sind signifikant kürzer als im Azidkomplex **20** (2.589 beziehungsweise 2.581 Å). In guter Übereinstimmung mit den Werten für die tripodalen Schiff-Basen-Komplexe ist die Bindung zum Amin-Stickstoffatom wieder deutlich länger mit 2.6548(19) Å, aber dennoch kürzer als in **20** (2.762(2) und 2.773(2) Å). Ferner lässt sich der Trend zu kürzeren Bindungen auch für die Phenolatsauerstoffatome beobachten (**20**: 2.18 Å; **21**: 2.141 Å), wenn auch schwächer ausgeprägt. Infolgedessen werden die Chelatwinkel der fünf- und sechsgliedrigen Metallacyclen größer. Mit durchschnittlich 67.98° im fünfgliedrigen- und 71.16° im sechsgliedrigen Ring liegen die Werte über denen von **20** (64.32 und 69.71°).

Obgleich sich die Molekülstruktur einer Verbindung von der Struktur in Lösung deutlich unterscheiden kann, sind die gewonnenen Informationen eine mögliche Erklärung für das Auftreten von vier Signalen für die Protonen der Methylenbrücke im ^{1}H-NMR-Spektrum. Die kürzeren Bindungslängen zu den Stickstoffatomen sorgen dafür, dass das Cer(IV)-Kation im fünfgliedrigen Metallacyclus näher an die Haftatome gelangt und sich dadurch der Chelatwinkel vergrößert. Dies führt zu einer starreren Konstitution des Rings und die Kohlenstoffatome der Brücken werden in ihrer Bewegung eingeschränkt.

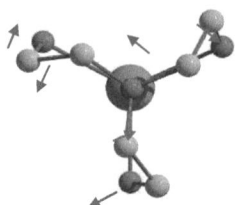

Abb. 54: Ausschnitt aus der Molekülstruktur [Ce(Trendsal)][BPh4] **21** mit Blickrichtung vom Amin-Stickstoffatom zum Cer(IV)-Ion (gelb: Ce; grau: C; grün: N; H weggelassen)

Die rot markierten Pfeile in Abb. 54 verdeutlichen, in welchen Richtungen die Kohlenstoffatome in ihrer Bewegung eingeschränkt sind. Dieser Umstand führt dazu, dass die Protonen auch relativ starr im System gebunden sind und daher im ^{1}H-NMR-Spektrum unterschiedliche chemische Verschiebungen aufweisen.

NMR-Messungen bei variablen Temperaturen (VT-NMR) in THF-d_8 bestätigten die asymmetrische Koordination der Arme des Liganden für **20** und die quasi symmetrische Koordination für **21** auch in Lösung. In Abb. 55 sind auszugsweise die Signale für die Protonen der Imin-Einheit (links) und *tert*-Butyleinheit zu sehen.

Ergebnisse und Diskussionen

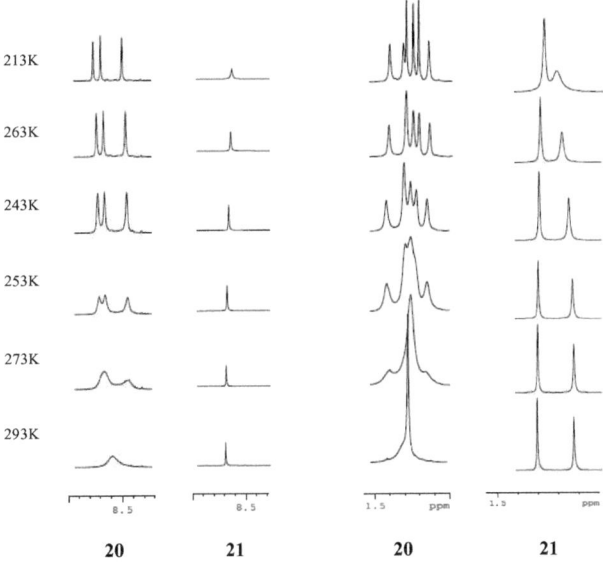

Abb. 55: Auszug aus den VT-NMR-Spektren von **20** (jeweils links) und **21**

Die jeweils links dargestellten Spektren sind die des Ce(Trendsal)N$_3$ **20**. Für die Protonen der Imineinheit ist für den Fall des Azidokomplexes zu erkennen, dass sich bei 293 K nur ein breites Signal ergibt. Bei schrittweiser Verringerung der Temperatur erscheinen zuerst zwei Signale (273 K) und bei 253 K bereits drei Signale. Das kleinere Signal bei 273 K ist dem Proton des dem Azidoliganden abgeneigten Arms zuzuordnen. Aufgrund des geringsten Platzes im Komplex, ist die Beweglichkeit dieses Armes (damit auch des Protons) am ehesten eingeschränkt. In guter Übereinstimmung mit den gleichmäßigen Platzverhältnissen der einzelnen Arme des tripodalen Liganden im Cer(IV)-Kationkomplex **21**, zeigt sich nur ein einziges Signal bei allen Temperaturen für die Protonen der Imineinheiten, auch bei tieferen Temperaturen. Gleiche Effekte gibt es bei Betrachtung der Protonen der *tert*-Butylgruppen (die beiden rechten Spektren). Für **20** ist bei 293 K auf der linken Seite des einen Signals bereits ein kleiner „Berg" zu erkennen. Das ist wieder ein Hinweis, dass es sich dabei um das Signal der Protonen des am stärksten eingeschränkten Armes des triodalen Liganden handelt. Sukzessive Verringerung der Temperatur hat zur Folge, dass sich schlussendlich sechs Singuletts für die sechs *tert*-Butylgruppen im Komplex zeigen. Drei von ihnen sind etwas breiter und kleiner als die anderen drei. Diese Verbreiterung spiegelt wiederum eine eingeschränkte Beweglichkeit der Protonen wider. Daher sind diese Signale den *tert*-Butylgruppen in 3-Position am aromatischen Ring zuzuordnen. Die Spektren von **21** (rechts im Bild) zeigen bei allen Temperaturen erwartungsgemäß nur zwei Peaks. Offensichtlich wird auch in diesem Fall einer von beiden bei Temperaturverringerung eher breiter. Aus bereits genanntem Grund, handelt es sich um das Signal für die Protonen der *tert*-Butylgruppen in 3-Position am aromatischen Ring.

4. Zusammenfassung

Im Rahmen der vorliegenden Arbeit wurden drei wesentliche Ziele verfolgt. Ein erstes Ziel war die Synthese und Charakterisierung neuer Cer(III)-Amidinatokomplexe und anschließende Oxidation zu den entsprechenden Cer(IV)-Verbindungen mit Phenylioddichlorid. Der Fokus lag dabei auf der Erforschung des Einflusses verschiedener Substituenten der Amidinatliganden auf den Ausgang der Oxidation. Der zweite Schwerpunkt ergab sich während der experimentellen Arbeiten aus der Tatsache heraus, dass sich bei Kopplung eines *ortho*-Carborans an ein Amidinat völlig überraschend neue Bindungssituationen aufzeigten. Ein weiteres Ziel der Arbeit war die Synthese und strukturelle Aufklärung von Komplexen der neuen Carboranylamidino-Liganden. Im dritten Teil der Arbeit wurde die Reaktivität des Cer(IV)-Komplexes Ce(Trendsal)Cl untersucht. Besonderes Interesse galt der genauen Analyse von Struktur-Reaktivitäts-Zusammenhängen. Die Untersuchungen ergaben deutliche Hinweise darauf, dass die relativ hohe sterische Überfrachtung auf die Reaktivität des Komplexes einen maßgeblichen Einfluss hat.

Als Vertreter der Lanthanoid(III)-Amidinatokomplexe wurden sieben neue Verbindungen synthetisiert. Dabei handelt es sich um [*p*-MeOC$_6$H$_4$C(NSiMe$_3$)$_2$]$_3$Ce(NCC$_6$H$_4$OMe-*p*) **1** (Abb. 56), [PhC(N^{i}Pr)$_2$]$_3$Ce **2**, [PhC≡CC(N^{i}Pr)$_2$]$_3$Ce **4**, [^{t}BuC(N^{i}Pr)$_2$]$_3$Ln (**5-7**, Ln = Ce, Eu, Tb) und [^{t}BuC(NDipp)$_2$]$_2$CeCl **8** (Abb. 56).

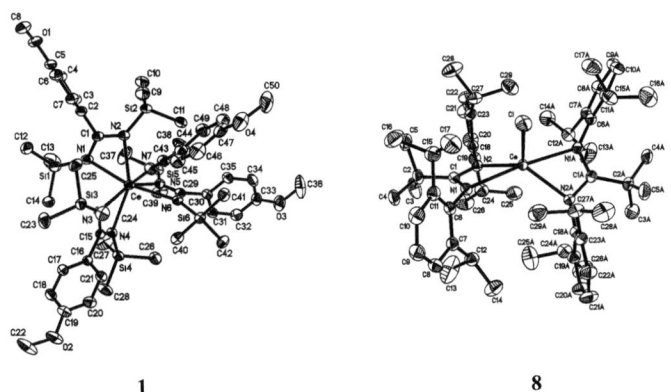

Abb. 56: Molekülstrukturen von **1** und **8**

Zusammenfassung

Die Verbindung **4** (Abb. 57) ist der erste Vertreter eines Tris(propiolamidinato)komplexes der Lanthanoide. Auch das als Ausgangsmaterial verwendete Kaliumpropiolamidinat **3** war bislang unbekannt.

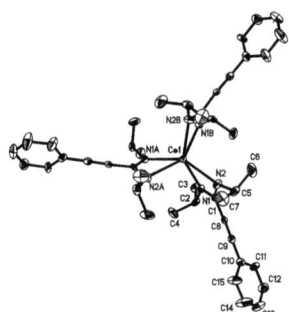

Abb. 57: Molekülstruktur von **4**

Alle Cer(III)-Amidinate waren durch Salzmetathesereaktionen in hohen Ausbeuten zugänglich. Diese Verbindungen sind erwartungsgemäß äußerst empfindlich gegenüber Spuren von Luftsauerstoff. Auswertbare NMR-Daten waren bis auf bei **6** und **8** in allen Fällen erhältlich und spiegeln ausnahmslos den paramagnetischen Charakter der Komplexe wider. Zudem konnte die Konstitution aller Lanthanoidverbindungen mittels Einkristall-Röntgenstrukturanalysen ermittelt werden.

Die Cer(III)-Amidinatokomplexe wurden im Anschluss Oxidationsversuchen mit Phenyljoddichlorid unterzogen. Zunächst wurde das literaturbekannte $[(Me_3Si)_2N]_3Ce$ auf diesem Wege zum $[(Me_3Si)_2N]_3CeCl$ oxidiert. Die Umsetzung gelang, wenn auch in geringen Ausbeuten. Eine wesentliche Ausbeuteerhöhung konnte durch Einsatz des zusätzlich koordinierenden Anisonitril-Liganden während der Oxidation erreicht werden. Die Signale im NMR-Spektrum erschienen ausschließlich in für diamagnetische Komplexe typischen Bereichen und bestätigen den Erfolg der Umsetzung zum $[(Me_3Si)_2N]_3CeCl(NCC_6H_4OMe\text{-}p)$ **9**. Zudem konnte die Existenz des neuen Cer(IV)-Amids röntgenographisch zweifelsfrei bewiesen werden (Abb. 58).

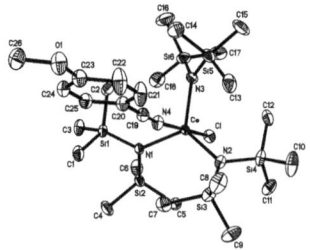

Abb. 58: Molekülstruktur von **9**

Im Falle der Oxidation der Cer(III)-Amidinatokomplexe gelang erstmals die Synthese zweier Vertreter der neuen Cer(IV)-Amidinate. Konkret handelt es sich um [p-MeOC$_6$H$_4$C(NSiMe$_3$)$_2$]$_3$CeCl **10** und [PhC(N^{i}Pr)$_2$]$_3$CeCl **11**. Die Verbindung **10** wurde mit den üblichen Analysemethoden, wie NMR-, IR-, MS- und Elementaranalyse-Untersuchungen charakterisiert. Auch diese Verbindung konnte durch eine Einkristall-Röntgenstrukturanalyse strukturell gesichert werden (Abb. 59).

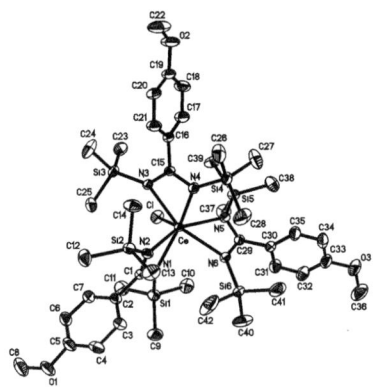

Abb. 59: Molekülstruktur von **10**

Der zweite Vertreter der Cer(IV)-Amidinate **11** erwies sich neben einer hohen Luftempfindlichkeit zudem auch als sehr temperaturempfindlich. Aus diesem Grund waren IR- und Elementaranalyse-Daten für diese Verbindung nicht zugänglich. Die NMR-Daten bestätigten aber das Vorliegen eines diamagnetischen Komplexes. Das röntgenographisch ermittelte Strukturmotiv der Verbindung zeigt eindeutig, dass gleiche Bindungsverhältnisse wie in **10** vorliegen. In Oxidationsversuchen mit den Cer(III)-Amidinatokomplexen **4** und **5** zeigte sich eine sehr hohe Thermolabilität der Produkte, so dass die entstandenen Cer(IV)-Komplexe nicht isoliert werden konnten. Bei Umsetzungen von **8** mit Phenyljoddichlorid war unter keinen Umständen eine Farbvertiefung zu verzeichnen. Daher muss davon ausgegangen werden, dass keine Oxidationsreaktion stattgefunden hatte.

Ein völlig neuer und überraschender Aspekt dieser Arbeit war die erfolgreiche Synthese eines sehr raumerfüllenden Amidinatliganden mit einem Carboran-Substituenten am zentralen Kohlenstoffatom. Die Darstellung des Lithiumsalzes erfolgte durch Addition von *ortho*-Lithiocarboran an das *N,N'*-Diisopropylcarbodiimid. Die Einkristallstrukturanalyse des Produkts **12** offenbarte eine völlig unerwartete Bindung des Metalls an das freie Kohlenstoffatom des Carboran-Käfigs (Abb. 60).

Zusammenfassung

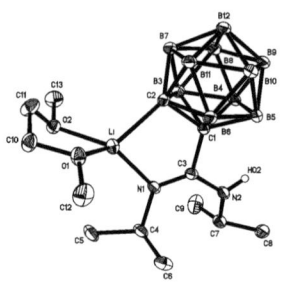

Abb. 60: Molekülstruktur von **12**

Zur Aufklärung der Bindungsverhältnisse in anderen Metallkomplexen des neuen Ligandensystems wurde **12** mit Zinndichlorid, Chromdichlorid-THF-Addukt und Certrichlorid im stöchiometrischen Verhältnis von 2:1 umgesetzt. Für die Produkte [(B$_{10}$H$_{10}$C$_2$)C(N^{i}Pr)(NH^{i}Pr)]$_2$Sn **14** und [(B$_{10}$H$_{10}$C$_2$)C(N^{i}Pr)(NH^{i}Pr)]$_2$Cr **15** bestätigten die Röntgenstrukturanalysen zweifelsfrei die Bindung des Metalls an das freie Kohlenstoffatom des *ortho*-Carborankäfigs (Abb. 61).

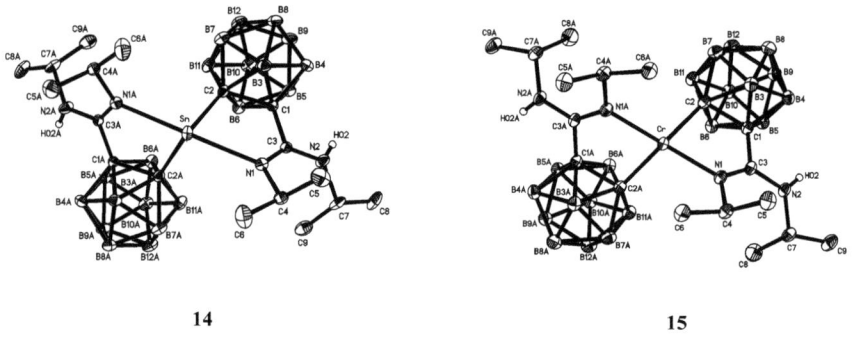

14   **15**

Abb. 61: Molekülstrukturen von **14** und **15**

Im Falle des [(B$_{10}$H$_{10}$C$_2$)C(N^{i}Pr)(NH^{i}Pr)]$_2$CeCl **17** belegten NMR- und IR-Daten ebenfalls diesen Bindungsmodus. Durch Reaktion von **12** mit Chromdichlorid-THF-Addukt im stöchiometrischen Verhältnis 1:1 war ein zweikerniger, chloro-verbrückter Chrom(II)-Komplex **16** zugänglich, in dem sich gleiche Bindungsverhältnisse zum Carboranylamidinoliganden zeigten (Abb. 62).

Zusammenfassung

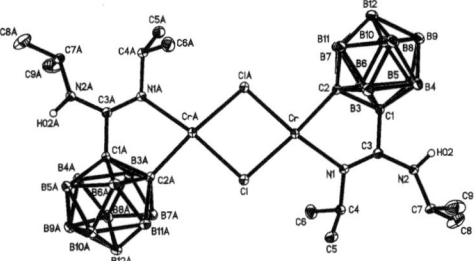

Abb. 62: Molekülstruktur von **16**

Die Ergebnisse zeigen, dass sich das neue Ligandensystem hervorragend sowohl für die Komplexierung von Hauptgruppenelementen als auch von Übergangsmetallen und Lanthanoiden eignet. Durch das acide Proton am Stickstoffatom der Amidineinheit ist zudem die Möglichkeit gegeben, heterometallische Komplexe zu synthetisieren.

Durch Reduktion des Ce(Trendsal)Cl mit elementarem Kalium gelang die Darstellung des bisher nicht beschriebenen dreiwertigen Cerkomplexes Ce(Trendsal) **18** in hoher Ausbeute. Das Produkt ist kräftig orangefarben und im Vergleich zu anderen Cer(III)-Amidinatokomplexen etwas weniger oxidationsempfindlich. NMR-Daten zeigten den paramagnetischen Charakter des Komplexes. Zu Vergleichszwecken wurde Eu(Trendsal) **19** synthetisiert. Die Eigenschaft des Europium(III)-Ions, als internes Shift-Reagenz wirken zu können, kommt dadurch zum Ausdruck, dass sich die Protonensignale im ^{1}H-NMR-Spektrum über einen Bereich von 65 ppm erstrecken. Beide Ln^{III}(Trendsal)-Komplexe konnten durch eine Einkristall-Röntgenstrukturanalyse eindeutig charakterisiert werden.

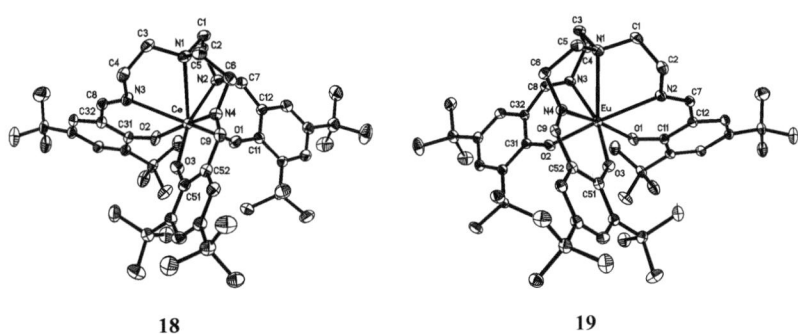

Abb. 63: Molekülstrukturen von **18** und **19**

Zusammenfassung

Ein Highlight der Arbeit ist sicherlich die Synthese eines präzedenzlosen vierwertigen Cer-Kations **21**, das durch Umsetzung von Ce(Trendsal)Cl mit Natriumtetraphenylborat in hoher Ausbeute erhalten wurde. Der strukturelle Beweis wurde auch in diesem Fall erbracht (Abb. 64). Diese Substanz könnte erstmals die Möglichkeit eröffnen, auch Cer(IV)-Komplexe mit σ-Alkyl-Liganden zu erschließen.

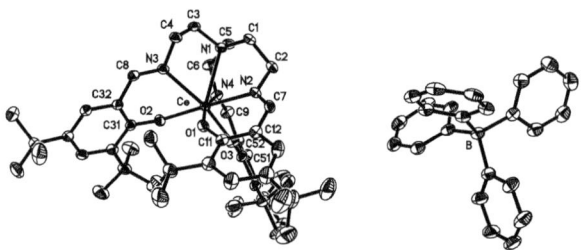

Abb. 64: Molekülstruktur von **21**

Den Synthesen von **18** und **21** ist gemeinsam, dass das Entfernen des Chloroliganden zu einer Verringerung der sterischen Überfrachtung des Moleküls führt. Die Reaktion von Ce(Trendsal)Cl mit einem großen Überschuss an Natriumazid führte zum neuartigen Azidokomplex Ce(Trendsal)N$_3$ **20**. Die Verbindung **20** konnte ebenfalls durch eine Einkristall-Röntgenstrukturanalyse strukturell gesichert werden (Abb. 65).

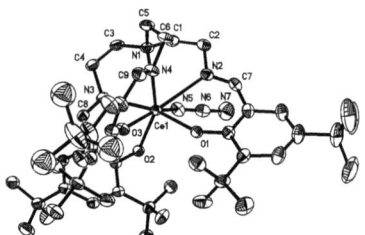

Abb. 65: Molekülstruktur von **20**

5. Experimenteller Teil

5.1. Allgemeine Arbeitstechniken und analytische Arbeiten

Die Darstellung aller neuen Verbindungen erfolgte mit Hilfe der Schlenk-Technik in einer Stickstoff- oder Argonatmosphäre. Das Schutzgas wurde vor Gebrauch von Feuchtigkeits- und Sauerstoffresten befreit. Die verwendeten Glasgeräte wurden vor Gebrauch mindestens 24 Stunden bei einer Temperatur von 120 °C gelagert und heiß an der Schlenk-Apparatur im Vakuum (10^{-2} mbar) abgekühlt. Die Beschickung der Glasgeräte erfolgte im Schutzgasgegenstrom oder in Glove-Boxen. Zur Filtration wurde die Kanülentechnik verwendet.
Die halogenfreien Lösungsmittel wurden vor Gebrauch über Natrium/Benzophenon sorgfältig getrocknet. Die halogenhaltigen Lösungsmittel wurden je nach Literaturvorschrift über P_4O_{10} oder CaH_2 getrocknet und vor Gebrauch unter Schutzgas destilliert.
Lanthanoidtrichloride wurden vor Gebrauch mit Thionylchlorid entwässert und anschließend über mehrere Stunden letzte Reste des Thionylchlorids im Ölpumpenvakuum entfernt.
Alle eingesetzten flüssigen Chemikalien wurden vor Gebrauch unter Schutzgas destilliert. Feststoffe wurden vor Gebrauch mindestens 3 Stunden am Ölpumpenvakuum getrocknet.
Die meisten verwendeten Chemikalien waren allgemein kommerziell erhältlich; andernfalls wurde auf die Literaturstelle hingewiesen.

Die Darstellung der Verbindungen **13, 19-21** erfolgte nicht unter Schutzgasatmosphäre.

Für die Charakterisierung der Verbindungen wurden folgende Geräte verwendet:

Einkristall-RöntgenstrukturanalyseN, Stoe IPDS-Diffraktometer
(Zur Lösung und Verfeinerung wurden die Programme SHELXS97 und SHELXL97 verwendet [160])

Elementaranalyse: LECO CHNS 932 oder VARIO EL cube

Infrarotspektroskopie: Perkin-Elmer FT-IR 2000 in KBr-Presslingen

Schmelzpunktbestimmung: Büchi Melting Point B-540

Massenspektroskopie (EI, 70 eV): MAT 95

NMR-Spektroskopie am DPX 400 (Bruker) oder AVANCE 600 (Bruker-Biospin) (Referenzierung mittels TMS)

5.2. Synthesebeschreibungen und Analysen

<u>Synthese von (Anisonitril)tris[N,N'-bis(trimethylsilyl)-4-methoxybenzamidinato]cer(III) (1)</u>

In einen 250 ml-Schlenkkolben wurden 4.11 g (13.7 mmol) Lithium-N,N'-(bistrimethylsilyl)-4-methoxybenzamidinat [31], 1.13 g (4.6 mmol) CeCl$_3$ und 0.61 g (4.6 mmol) Anisonitril zusammen eingewogen und mit 100 ml THF versetzt. Das Reaktionsgemisch wurde 3 h bei einer Wasserbadtemperatur von 60 °C gerührt. Die Farbe änderte sich von grau trüb nach gelb, und das suspendierte CeCl$_3$ ging vollständig in Lösung. Das Lösungsmittel wurde im Ölpumpenvakuum komplett entfernt und das entstandene Produkt viermal mit je 20 ml Pentan aus dem goldgelben Feststoff extrahiert. Der Extrakt wurde auf ein Drittel des Volumens eingeengt und 24 h auf -70 °C gekühlt. Die Verbindung kristallisiertee in Form kräftig gelber, quaderförmiger Kristalle. Kristalle, die sich für eine Einkristallstrukturanalyse eigneten, wurden aus Pentan bei -32 °C erhalten.

Summenformel: $C_{50}H_{82}CeN_7O_4Si_6$
Molmasse: 1153.86 g/mol
Ausbeute: 3.70 g (70 %)
Schmelzpunkt: 190 °C

^{1}**H NMR** (600 MHz, C$_6$D$_6$, 25 °C,): δ = 13.10 (s, 6H, Ar-***H***), 9.07 (s, 6H, Ar-***H***), 5.29 (d, ^3J = 8 Hz, 2H, Ar-***H*** (Nitril)), 4.81 (d, ^3J = 8 Hz, 2H, Ar-***H*** (Nitril)), 4.39 (s, 9H, ***H***$_3$CO), 2.49 (s, 3H, ***H***$_3$CO-(Nitril)), -2.04 (s, 54H, Si(C***H***$_3$)$_3$). ^{13}C{^{1}H} **NMR** (100 MHz, C$_6$D$_6$, 25 °C): δ = 199.08 (MeOC$_6$H$_4$***C***(NSiMe$_3$)$_2$), 162.7 (Ar-***C***), 162.1 (-***C***N), 131.4 (Ar-***C*** (Nitril)), 155.4 (Ar-***C***), 134.3 (Ar-***C***), 119.8 (Ar-***C*** (Nitril)), 113.9 (Ar-***C*** (Nitril)), 116.6 (Ar-***C***), 101.9 (Ar-***C*** (Nitril)), 55.9 (O***C***H$_3$), 54.4 (O***C***H$_3$ (Nitril)), 0.7 (Si(***C***H$_3$)$_3$). ^{29}**Si-NMR** (C$_6$D$_6$, 25°C, 80MHz): δ = -3.95 (***Si***(CH$_3$)$_3$).
IR (KBr cm^{-1}): ν$_{max}$ 3068 (w), 3010 (w), 2952 (vs, ν$_{as}$ CH$_3$), 2897 (m, ν$_s$ CH$_3$), 2837 (m, –O–Me), 2239 (st, N≡C), 1651 (st, NCN-Einheit), 1608 (vs, CH ring), 1576 (m, CH ring), 1511 (vs), 1432 (vs$_{br}$, δ$_{as}$ CH$_3$), 1390 (st, NCN-Einheit), 1304 (st), 1291 (st), 1248 (vs$_{br}$, δ$_{as}$ CH$_3$), 1171 (vs, CH ring), 1108 (m), 1037 (st, CH ring), 1014 (m), 977 (vs), 936 (m), 837 (vs$_{br}$, CH$_3$ rocking), 757 (vs, CH ring), 728 (m), 707 (m, ν$_{as}$ SiC$_3$), 683 (m, CH ring), 642 (st, ν$_s$ SiC$_3$), 623 (m), 601 (w), 552 (w), 504 (w), 419 (w).
MS (EI): m/z (%) 1019.0 (85) [M – NCC$_6$H$_4$OCH$_3$]$^+$, 725.6 (100) [M – NCC$_6$H$_4$OCH$_3$ – (Me$_3$SiN)$_2$CC$_6$H$_4$OCH$_3$]$^+$, 133.0 [NCC$_6$H$_4$OCH$_3$]$^+$.
EA:: ber. (gef.) C, 52.05 (52.40); H, 7.16 (7.22); N, 8.50 (8.50) %.

Synthese von Tris[N,N'-bis(isopropyl)benzamidinato]cer(III) (2)

In einen 250 ml-Schlenkkolben wurden 3.00 g (14.3 mmol) Lithium-N,N'-bis(isopropyl)-benzamidinat [28] und 1.17 g (4.8 mmol) Cer(III)trichlorid vorgelegt und mit 100 ml THF versetzt. Die milchig trübe Suspension wurde anschließend 3 h bei einer Wasserbadtemperatur von 60 °C gerührt, wobei die Farbe nach kräftig gelb umschlug. Das Lösungsmittel wurde im Ölpumpenvakuum komplett entfernt und aus dem weißgelben Feststoff das Produkt dreimal mit je 15 ml Pentan extrahiert. Die vereinigten Extrakte wurden auf ein Viertel des Volumens eingeengt. Das Produkt kristallisiertee bei -36 °C in goldgelben, quaderförmigen Kristallen. Einkristalle, die sich für eine Einkristall-Röntgenstrukturanalyse eigneten, wurden durch Umkristallisation aus Pentan bei Raumtemperatur erhalten.

Summenformel: $C_{39}H_{57}CeN_6$
Molmasse: 750.03 g/mol
Ausbeute: 2.42 g (67 %)
Schmelzpunkt: 213 °C

^{1}**H NMR** (400 MHz, C_6D_6, 25 °C): δ = 12.85 (d, ^3J = 4.7 Hz, 6H, Ar–*H*), 10.84 (s, 6H, ((CH$_3$)$_2$C*H*N)$_2$CPh), 9.30 (s, 6H, Ar–*H*), 8.69 (t, ^3J = 7.4 Hz, 3H, Ar–*H*), -3.29 (s$_{br}$, 36H, ((C*H$_3$*)$_2$CHN)$_2$CPh). ^{13}C{^{1}H} **NMR** (100.6 MHz, C_6D_6, 25 °C): δ = 186.9 ((^{i}PrN)$_2$*C*Ph), 148.52 (Ar-*C*), 132.8 (Ar-*C*), 131.6 (Ar-*C*), 130.3 (Ar-*C*), 52.8 ((CH$_3$)$_2$*C*HN)$_2$CPh), 22.7 ((*C*H$_3$)$_2$CHN)$_2$CPh).
IR (KBr cm^{-1}): ν$_{max}$ 3080 (w), 3061 (w), 3022 (w), 2957 (vs, ν$_{as}$ CH$_3$), 2916 (st), 2888 (st, ν$_{as}$ CH$_3$), 2861 (st), 1636 (m, NCN-Einheit), 1600 (m, CH ring), 1578 (m, CH ring), 1453 (vs$_{br}$, δ$_{as}$ CH$_3$), 1374 (vs, NCN-Einheit), 1359 (vs), 1335 (vs), 1274 (w), 1208 (vs), 1166 (st, CH ring), 1133 (vs), 1122 (st), 1073 (w), 1005 (vs), 946 (w), 910 (w), 778 (st), 733 (m), 700 (vs, CH ring), 469 (w).
MS (EI): m/z (%) 749.7 (40) [M]$^+$, 546.3 (100) [M – (^{i}PrN)$_2$CPh]$^+$, 203.2 (40) [(^{i}PrN)$_2$CPh]$^+$, 104.1 (80) [HNCPh]$^+$.
EA:: ber. (gef.) C, 62.45 (62.08); H, 7.66 (7.79); N, 11.20 (10.82) %.

Experimenteller Teil

<u>Synthese von Kalium[N,N'-bis(isopropyl)propiolamidinat]</u> (**3**)

In einen 250 ml-Schlenkkolben wurden 2.71 g (19.3 mmol) Kaliumphenylacetylid [132] in 120 ml DME vorgelegt. Zu der Suspension wurden 2.43 g (21.2 mmol, leichter Überschuss) N,N'-Diisopropylcarbodiimid im Argongegenstrom zugegeben. Es erfolgte ein sofortiger Farbumschlag nach gelb-grün. Das Reaktionsgemisch wurde über Nacht bei Raumtemperatur gerührt. Anschließende Filtration liefertee eine gelb-braune klare Lösung. Das Filtrat wurde auf 30 ml eingeengt und 24 h bei 5 °C gelagert. Das Produkt kristallisiertee in Form von gelben, quaderförmigen Kristallen. Wurden die Kristalle am Ölpumpenvakuum getrocknet, ändert sich ihre Farbe auf blass-grün, und sie verlieren ihre kristalline Struktur.

Summenformel:	$C_{15}H_{19}KN_2$
Molmasse:	266.42 g/mol
Ausbeute:	2.61 g (51%)
Schmelzpunkt:	175 °C (Zersetzung)

^{1}**H NMR** (400 MHz, THF-d_8, 25 °C): δ = 7.40 (d, ^3J = 6.5 Hz, 2H, C$_6$**H**$_5$), 7.31-7.22 (m, 3H, C$_6$**H**$_5$), 3.93 (sept., ^3J = 6.2Hz, 2H, {(CH$_3$)$_2$C**H**N}$_2$CC≡CPh), 1.09 (s, 6H, {(C**H**$_3$)$_2$CHN}$_2$CC≡CPh), 1.08 (s, 6H, {(C**H**$_3$)$_2$CHN}$_2$CC≡CPh). ^{13}C{^{1}H} **NMR** (100.6 MHz, THF-d_8, 25 °C): δ = 153.6 ((^{i}PrN)$_2$**C**C≡CPh), 132.3 (**C**$_6$H$_5$), 128.9 (**C**$_6$H$_5$), 128.2 (**C**$_6$H$_5$), 125.5 (**C**$_6$H$_5$), 91.5 ((^{i}PrN)$_2$CC≡**C**Ph), 84.2 ((^{i}PrN)$_2$C**C**≡CPh), 50.5 ([(CH$_3$)$_2$**C**HN]$_2$CC≡CPh), 27.7 ([(**C**H$_3$)$_2$CHN]$_2$CC≡CPh).
IR (KBr cm^{-1}): ν$_{max}$ 3055 (w), 3032 (w), 2965 (vs, ν$_{as}$ CH$_3$), 2857 (st, ν$_s$ CH$_3$), 2605 (w), 2197 (w, C≡C), 1596 (st, NCN-Einheit), 1501 (vs), 1441 (st), 1373 (vs), 1354 (vs), 1328 (vs), 1243 (w), 1226 (w), 1164 (st), 1119 (st), 1069 (w), 1028 (st), 998 (w), 929 (w), 847 (w), 756 (vs, CH Ring), 720 (m), 690 (st), 540 (w), 529 (w), 445 (w).
MS (EI): m/z (%) 227.1 (12) [(^{i}PrN)$_2$CC≡CPh]$^+$, 171.1 (15) [(^{i}PrN)$_2$CC≡CPh – NCH(CH$_3$)$_2$ + H]$^+$, 151.1 (10) [(^{i}PrN)$_2$CC≡C]$^+$, 128.0 (100) [(^{i}PrN)$_2$CC≡CPh – NCH(CH$_3$)$_2$ – CH(CH$_3$)$_2$]$^+$, 58.0 (18) [N^{i}Pr + H]$^+$.
EA:: ber. (gef.) C, 67.62 (64.55); H, 7.19 (7.44); N, 10.51 (9.49) %.

Synthese von Tris[*N,N'*-bis(isopropyl)propiolamidinato]cer(III) (4)

In einen 250 ml-Schlenkkolben wurden 1.13 g (4.1 mmol) **3** in 120 ml THF vorgelegt und 0.34 g (1.4 mmol) Cer(III)trichlorid bei Raumtemperatur in fester Form dazu gegeben. Bereits nach wenigen Minuten ist eine deutliche Farbverschiebung von gelb nach gelborangefarben zu erkennen. Das Reaktionsgemisch wurde 3 h bei 60 °C Wasserbadtemperatur gerührt und anschließend das Lösungsmittel im Vakuum komplett entfernt. Dreimalige Extraktion mit jeweils 20 ml Pentan lieferte eine goldgelbe, klare Lösung. Der Extrakt wurde auf ein Drittel des Volumens eingeengt und 24 h bei 5 °C gelagert. Das Produkt kristallisiertee in Form von gelben, quaderförmigen Kristallen, die sich für eine Einkristallstrukturanalyse eigneten

Summenformel:	$C_{45}H_{57}CeN_6$
Molmasse:	822.09 g/mol
Ausbeute:	0.80 g (71%)
Schmelzpunkt:	85 °C (Zersetzung)

^{1}H NMR (400 MHz, C_6D_6, 25 °C): δ = 12.07 (s_{br}, 6H, ((CH_3)$_2$C***H***N)$_2$CC≡CPh), 9.52 (s_{br}, 6H, Ar–***H***), 7.94 (s, 6H, Ar–***H***), 7.78 (s, 3H, Ar–***H***), -2.74 (s_{br}, 36H, ((CH_3)$_2$CHN)$_2$CPh). **^{13}C{^{1}H} NMR** (100.6 MHz, C_6D_6, 25 °C): δ = 171.3 ((^{i}PrN)$_2$***C***C≡CPh), 134.4 (***C***$_6$H$_5$), 130.3 (***C***$_6$H$_5$), 129.8 (***C***$_6$H$_5$), 125.3 (***C***$_6$H$_5$), 105.2 ((^{i}PrN)$_2$CC≡***C***Ph), 91.9 ((^{i}PrN)$_2$C***C***≡CPh), 56.1 ([(CH_3)$_2$***C***HN]$_2$CC≡CPh), 23.3 ([(***C***H$_3$)$_2$CHN]$_2$CC≡CPh).
IR (KBr cm^{-1}): v_{max} 3081 (w), 3057 (w), 3035 (w), 3021 (w), 2966 (vs, v_{as} CH_3), 2929 (vs), 2866 (st, v_s CH_3), 2610 (w), 2207 (m, C≡C), 1611 (st), 1598 (st, NCN-Einheit), 1492 (vs), 1476 (vs), 1390 (vs, NCN-Einheit), 1376 (vs), 1358 (vs), 1335 (vs), 1244 (m), 1189 (vs), 1136 (st), 1124 (st), 1070 (m), 1043 (st), 999 (m), 939 (w), 917 (m), 855 (m), 832 (w), 755 (vs, CH Ring), 704 (m), 689 (vs), 542 (m), 528 (st).
MS (EI): *m/z* (%) 820.6 (20) [M]$^+$, 806.9 (10) [M – CH_3 + H]$^+$, 778.8 (10) [M – ^{i}Pr + H]$^+$, 595.7 (35) [M – (^{i}PrN)$_2$CC≡CPh + 2H]$^+$, 593.8 (100) [M – (^{i}PrN)$_2$CC≡CPh]$^+$.
EA:: ber. (gef.) C, 65.74 (67.01); H, 6.99 (7.71); N, 10.22 (10.62) %.

Experimenteller Teil

<u>Synthese von Tris[*N,N'*-bis(isopropyl)pivalamidinato]cer(III)</u> **5**

In einen 250 ml-Schlenkkolben wurden 3.30 g (26.1 mmol) *N,N'*-Diisopropylcarbodiimid in 120 ml THF vorgelegt und mit 17.4 ml einer 1.6 molaren (26.1 mmol) *tert*-Butyllithium-lösung umgesetzt. Das Reaktionsgemisch wurde 3 h gerührt, im Anschluss 2.14 g (8.7 mmol) Certrichlorid in festen Zustand zugesetzt und weitere 5 h bei 60 °C Wasserbadtemperatur gerührt. Das Lösungsmittel der entstandenen kräftig gelben, trüben Suspension wurde im Ölpumpenvakuum komplett entfernt und das gelbe Produkt dreimal mit 40 ml Pentan extrahiert. Der synthetisierte Cer(III)-Amidinatokomplex neigt sehr stark zur Übersättigung in diesem Lösungsmittel. Zur Reinigung erfolgte eine Umkristallisation aus Toluol. Das Produkt kristallisiertee in Form von gelben, quaderförmigen Kristallen. Einkristalle, die sich für eine Einkristall-Röntgenstrukturanalyse eigneten, wurden aus Pentan nach einer Lagerungszeit von 3 Monaten bei 5°C erhalten.

Summenformel:	$C_{33}H_{69}CeN_6$
Molmasse:	690.06 g/mol
Ausbeute:	4.51 g (75%)
Schmelzpunkt:	113 °C

^{1}H NMR (600 MHz, C_6D_6, 25 °C): δ = 11.63 (s, 6H, ((CH$_3$)$_2$C**H**N)$_2$C^{t}Bu), 6.67 (s, 27H, ((^{i}PrN)$_2$CC(C**H**$_3$)$_3$), 2.73 (s, 18H, ((C**H**$_3$)$_2$CHN)$_2$C^{t}Bu), -15.21 (s, 18H, ((C**H**$_3$)$_2$CHN)$_2$C^{t}Bu).
^{13}C{^{1}H} NMR (100.6 MHz, C_6D_6, 25 °C): δ = 195.4 ((^{i}PrN)$_2$**C**^{t}Bu), 61.2 ((^{i}PrN)$_2$C**C**(CH$_3$)$_3$), 46.4 (((CH$_3$)$_2$**C**HN)$_2$C^{t}Bu), 38.5 ((^{i}PrN)$_2$CC(**C**H$_3$)$_3$), 27.1 (((**C**H$_3$)$_2$CHN)$_2$C^{t}Bu).
IR (KBr cm^{-1}): ν$_{max}$ 3437 (w), 2965 (vs, ν$_s$ CH$_3$), 2927 (st), 2868 (m, ν$_{as}$ CH$_3$), 2343 (w), 1655 (m, NCN-Einheit), 1632 (st), 1561 (w), 1496 (m, NCN-Einheit), 1456 (m, δ$_{as}$ CH$_3$), 1418 (st), 1375 (st, δ$_s$ CH$_3$), 1318 (st), 1305 (st), 1257 (w), 1181 (m), 1169 (m), 1123 (m), 1080 (w), 1014 (w).
MS (EI): *m/z* (%) 506.2 (18) [M − (^{i}PrN)$_2$C^{t}Bu]$^+$, 184.1 (40) [·(^{i}PrN)$_2$C^{t}Bu]$^+$, 169.1 (100) [·(^{i}PrN)$_2$C^{t}Bu − CH$_3$]$^+$.
EA:: ber. (gef.) C, 57.44 (57.38); H, 10.08 (9.76); N, 12.18 (12.57) %.

Experimenteller Teil

Synthese von Tris[N,N'-bis(isopropyl)pivalamidinato]europium(III) (6)

In einen 250 ml-Schlenkkolben wurden 3.00 g (23.8 mmol) N,N'-Diisopropylcarbodiimid in 120 ml THF vorgelegt und mit 15.8 ml einer 1.6 molaren (23.8 mmol) *tert*-Butyllithiumlösung umgesetzt. Das Reaktionsgemisch wurde für 3 h gerührt, mit 2.05 g (7.9 mmol, Überschuss) festem Europiumtrichlorid versetzt und weitere 5 h bei 60 °C gerührt. Das Lösungsmittel der entstandenen kräftig roten, trüben Suspension wurde im Ölpumpenvakuum komplett entfernt und mit zweimal 30 ml Pentan extrahiert. Die Reinigung des Produkts erfolgte durch Umkristallisation aus Toluol. Das Produkt kristallisiertee in Form von roten, quaderförmigen Kristallen, die sich für eine Einkristall-Röntgenstrukturanalyse eigneten.

Summenformel:	$C_{33}H_{69}EuN_6$
Molmasse:	701.91 g/mol
Ausbeute:	3.45 g (62%)
Schmelzpunkt:	122.0 °C

^{1}H NMR (600 MHz, C_6D_6, 25 °C): δ = 29.83 (s, 18H, ((CH_3)$_2$CHN)$_2$C^{t}Bu), -2.15 (s, 18H, ((CH_3)$_2$CHN)$_2$C^{t}Bu), -7.92 (s, 27H, (^{i}PrN)$_2$CC(CH_3)$_3$), -35.34 (s, 6H, ((CH$_3$)$_2$CHN)$_2$C^{t}Bu).
^{13}C{^{1}H} NMR (100.6 MHz, C_6D_6, 25 °C): δ = 335.1 ((^{i}PrN)$_2$$C^t$Bu), 65.0 ((($CH_3$)$_2$CHN)$_2$C^{t}Bu), 62.3 ((($CH_3$)$_2$$C$HN)$_2$C^{t}Bu), 61.3 ((($CH_3$)$_2CH$N)$_2$C^{t}Bu), 32.4 ((($CH_3$)$_2$CHN)$_2$C^{t}Bu), 13.8 ((^{i}PrN)$_2$CC(CH_3)$_3$), -27,0 (^{i}PrN)$_2$CC(CH$_3$)$_3$.
IR (KBr cm^{-1}): v_{max} 2967 (vs, v_s CH$_3$), 2926 (vs), 2868 (st, v_{as} CH$_3$), 1655 (m, NCN-Einheit), 1632 (m), 1495 (st, NCN-Einheit), 1455 (st, $δ_{as}$ CH$_3$), 1416 (vs), 1375 (vs, $δ_s$ CH$_3$), 1321 (vs), 1305 (vs), 1247 (w), 1173 (vs), 1125 (st), 1080 (w), 1016 (st), 984 (w), 660 (w).
MS (EI): m/z (%) 475.9 (60) [M – (^{i}PrN)$_2$C^{t}Bu – ^{i}Pr]$^+$, 333.8 (100) [Eu{(^{i}PrN)$_2$C^{t}Bu} – 3H]$^+$.
EA:: ber. (gef.) C, 56.47 (54.43); H, 9.91 (9.64); N, 11.97 (11.95) %.

Synthese von Tris[N,N'-bis(isopropyl)pivalamidinato]terbium(III) (7)

In einen 250 ml-Schlenkkolben wurden 3.00 g (23.8 mmol) N,N'-Diisopropylcarbodiimid in 120 ml THF vorgelegt und mit 15.8 ml einer 1.6 molaren (23.8 mmol) *tert*-Butyllithiumlösung umgesetzt. Das Reaktionsgemisch wurde 3 h gerührt, mit 2.30 g (7.9 mmol, Überschuss) festem Terbiumtrichlorid versetzt und weitere 5 h bei 60 °C gerührt. Das Lösungsmittel der entstandenen blass-grünen, trüben Suspension wurde im Ölpumpenvakuum komplett entfernt und zweimal mit 30 ml Pentan extrahiert. Der Extrakt wurde auf 10 ml eingeengt und 24 h bei 5 °C gelagert. Das Produkt kristallisierte in Form von farblosen, quaderförmigen Kristallen, die sich für eine Einkristall-Röntgenstrukturanalyse eigneten. Zur Abtrennung von anhaftendem Pentan wurde das Produkt aus Cyclopentan umkristallisierte.

Summenformel: $C_{33}H_{69}N_6Tb$
Molmasse: 708.87 g/mol
Ausbeute: 2.04 g (36%)
Schmelzpunkt: > 260 °C

IR (KBr cm^{-1}): ν_{max} 3437 (w), 2966 (vs, ν_s CH$_3$), 2925 (st), 2867 (st, ν_{as} CH$_3$), 1655 (w, NCN-Einheit), 1632 (m), 1489 (st, NCN-Einheit), 1455 (st, δ_{as} CH$_3$), 1416 (vs), 1374 (vs, δ_s CH$_3$), 1359 (st), 1321 (st), 1306 (vs), 1242 (m), 1175 (vs), 1125 (st), 1017 (st), 661 m.
MS (EI): *m/z* (%) 708.2 (10) [M]$^+$; 525.1 (100) [M − (^{i}PrN)$_2$C^{t}Bu]$^+$; 184.1 (5) [·(^{i}PrN)$_2$C^{t}Bu]$^+$.
EA: ber. (gef.) C, 55.91 (54.06); H, 9.81 (8.66); N, 11.86 (11.07) %.

Synthese von Chlorobis[N,N'-bis(2,6-diisopropylphenyl)pivalamidinato]cer(III) (8)

In einen 250 ml-Schlenkkolben wurden 0.32 g (7.98 mmol, leichter Überschuss) KH in 100 ml THF suspendiert und im Stickstoffgegenstrom 3.11 g (7.40 mmol) HPiso (= N,N'-Bis(2,6-diisopropylphenyl)pivalamidin) [134] bei Raumtemperatur zugegeben. Die blass-graue Reaktionslösung wurde 3 h gerührt und anschließend auf 0.92 g (3.70 mmol) Cer(III)trichlorid filtriert. Nach einer Reaktionszeit von 72 h bei Raumtemperatur wurde das Lösungsmittel vom gelb-braunen Reaktionsgemisch im Ölpumpenvakuum komplett entfernt. Dabei kommt es zu starkem Aufschäumen. Das gewünschte Produkt wurde dreimal mit jeweils 40 ml Pentan extrahiert und der Extrakt im Ölpumpenvakuum auf ein Volumen von 20 ml eingeengt. Kristallisation bei 5 °C für 48 h lieferte das Rohprodukt. Gelblich-grüne Kristalle, die sich für eine Einkristall-Röntgenstrukturanalyse eigneten, wurden durch langsames Abkühlen auf 5 °C aus Pentan erhalten.

Summenformel: $C_{58}H_{86}CeClN_4$
Molmasse: 1014.9 g/mol
Ausbeute: 1.47 g (39%)
Schmelzpunkt: 217.0°C

IR (KBr cm^{-1}): ν_{max} 3340 (m), 3062 (w), 2962 (vs, ν_s CH$_3$), 2871 (st, ν_{as} CH$_3$), 1655 (m, NCN-Einheit), 1611 (vs), 1579 (st), 1481 (st), 1461 (st), 1432 (st), 1407 (st), 1395 (st, NCN-Einheit), 1384 (st, δ_s CH$_3$), 1363 (st), 1312 (vs), 1241 (vs), 1209 (vs), 1157 (vs, CH Ring), 1113 (st), 1055 (m), 1027 (w, CH Ring), 985 (st), 934 (w), 923 (w), 828 (w), 807 (w), 800 (m), 770 (m), 758 (st, CH Ring), 725 (w), 638 (w), 504 (m).
MS (EI): m/z (%) 970.2 (1) [M – ^{i}Pr]$^+$, 420.0 (10) [(DiipN)$_2$C^{t}Bu + H]$^+$, 377.0 (10) [(DiipN)$_2$C^{t}Bu – iPr + H]$^+$, 244.0 (100) [(Dipp)N=C^{t}Bu]$^+$.
EA: ber. (gef.) C, 68.64 (70.49); H, 8.54 (8.07); N, 5.52 (5.86) %.

Synthese von (Anisonitril)chloro-tris[bis(trimethylsilyl)amido]cer(IV) (9)

Zu 1.25 g (2.0 mmol) Tris[bis(trimethylsilyl)amido]cer(III) [127], gelöst in 20 ml Toluol, wurden 0.27 g (2.0 mmol) Anisonitril im Argongegenstrom zugegeben und 10 min bei Raumtemperatur gerührt. Das Reaktionsgemisch wurde auf 0 °C gekühlt und 0.28 g (1.0 mmol) Phenylioddichlorid [140], gelöst in 5 ml Toluol, langsam zugegeben. Die Lösung verfärbte sich von kräftig gelb sofort nach dunkelrotbraun. Nach 24 h Rühren bei Raumtemperatur wurde das Lösungsmittel im Ölpumpenvakuum komplett entfernt, der dunkelrotbraune Feststoff in 15 ml Pentan aufgenommen und filtriert. Der orangebraune Filterrückstand wurde verworfen, das dunkelbraune Filtrat auf die Hälfte des Volumens eingeengt und 24 Stunden bei -32 °C gelagert. Es entstanden röntgenfähige, dunkelrotbraune, quaderförmige Einkristalle des Produkts, die sich für eine Einkristall-Röntgenstrukturanalyse eigneten.

Summenformel: $C_{26}H_{61}CeClN_4OSi_6$
Molmasse: 789.87 g/mol
Ausbeute: 0.9 g (57%)
Schmelzpunkt: 101.5 °C (Zersetzung)

^{1}H NMR (400MHz, C_6D_6, 20 °C): δ = 4.87 (s, 2H, Ar-*H*), 3.78 (s, 2H, Ar-*H*), 2.74 (s, 2H, OC*H₃*), -0.44 (s, 18H, Si(C*H₃*)₃). ^{13}C{^{1}H} NMR (100.6 MHz, C_6D_6, 20 °C): δ = 162.1 (Ar-*C*), 128.7 (Ar-*C*), 113.5 (Ar-*C*), 98.8 (N*C*C₆H₄-), 98.7 (Ar-*C*), 54.24 (O*C*H₃), 5.4 (Si(*C*H₃)₃). ^{29}Si NMR (79.5 MHz, C_6D_6, 20 °C): δ = -11.08 (*Si*Me₃).
IR (KBr cm^{-1}): ν$_{max}$ 2952 (st, ν$_{as}$ CH₃), 2896 (m, ν$_s$ CH₃), 2245 (w, N≡C), 2344 (w), 2245 (vs), 1606 (vs, CH ring), 1576 (m, CH ring), 1510 (vs), 1466 (m), 1444 (m), 1423 (m, δ$_{as}$ CH₃), 1309 (st), 1266 (vs), 1245 (vs$_{br}$, δ$_s$ CH₃), 1172 (vs, CH ring), 1113 (w), 1027 (s), 968 (vs), 865 (vs), 836 (vs$_{br}$, CH₃ rocking), 768 (st), 732 (st, ν$_{as}$ CH ring) 685 (m), 662 (m), 600 (m), 552 (m).
MS (EI): m/z (%) 753.6 (10) [M – Cl]$^+$, 592.5 (40) [M – Cl – NCC₆H₄OMe – 2CH₃ + 2H]$^+$, 459.6 (100) [{(Me₃Si)₂N}₂Ce]$^+$, 298.6 [{(Me₃Si)₂N}Ce + H]$^+$.
EA: ber. (gef.) C, 39.54 (40.11); H, 7.78 (7.53); N, 7.09 (7.11) %.

Synthese von Chlorotris[N,N'-bis(trimethylsilyl)-4-methyoxybenzamidinato]cer(IV) (10)

In einem 100 ml-Schlenkkolben wurden 0.07 g (0.53 mmol) Phenylioddichlorid [140] in 20 ml Toluol vorgelegt und bei 0 °C 0.61 g (0.56 mmol) **1** in 30 ml Pentan langsam zugetropft. Die Farbe ändert sich sofort von kräftig gelb nach dunkelrotbraun. Die Reaktionslösung wurde für 24 h bei Raumtemperatur gerührt. Anschließend wurde das Lösungsmittel im Ölpumpenvakuum komplett entfernt und der verbleibende Feststoff in 15 ml Pentan aufgenommen. Unumgesetztes Phenylioddichlorid wurde durch Filtration entfernt und das Filtrat 24 h bei -32 °C gelagert. Das Produkt wurde durch Filtration isoliert. Röntgenfähige, quaderförmige, dunkelrotbraune Kristalle wurden durch Umkristallisation aus Pentan bei 5 °C erhalten.

Summenformel:	$C_{42}H_{75}CeClN_6O_3Si_6$
Molmasse:	1056.17 g/mol
Ausbeute:	0.34 g (61 %)
Schmelzpunkt:	193°C

^{1}H NMR (400MHz, C_6D_6, 25°C): δ = 7.42 (d, ^3J = 8,2Hz, 6H, Ar-*H*), 6.68 (d, ^3J = 8,6Hz, 6H, Ar-*H*), 3.23 (s, 9H, C*H$_3$*O), 0.49 (s, 27H, Si(C*H$_3$*)$_3$), 0.29 (s, 27H, Si(C*H$_3$*)$_3$). **^{13}C{^{1}H} NMR** (100MHz, C_6D_6, 25°C): δ = 178.7 (MeOC$_6$H$_4$*C*(NSi(CH$_3$)$_3$)$_2$), 160.4 (Ar-*C*), 133.5 (Ar-*C*), 113.5 (Ar-*C*), 54.7 (O*C*H$_3$), 4.0 (Si(*C*H$_3$)$_3$), 3.4 (Si(*C*H$_3$)$_3$). **^{29}Si-NMR** (80MHz, C_6D_6, 25°C): δ = 0.48 (*Si*(CH$_3$)$_3$), -0.52 (*Si*(CH$_3$)$_3$).

IR (KBr cm^{-1}): v_{max} 3002 (w), 2954 (st, v_{as} CH$_3$), 2898 (m, v_s CH$_3$), 2836 (w, C–O), 1652 (st, NCN-Einheit), 1609 (st, CH ring), 1576 (m, CH ring), 1511 (st), 1391 (vs, NCN-Einheit), 1291 (st), 1248 (vs), 1174 (st, CH ring), 1131 (w), 1108 (w), 1037 (m, CH ring), 1013 (w), 967 (st), 934 (m), 838 (vs$_{br}$, CH$_3$ rocking), 757 (st, CH ring), 709 (m, v_{as} SiC$_3$), 685 (w), 641 (m, v_s SiC$_3$), 624 (m), 601 (w), 510 (w), 420 (m).

MS (EI): m/z (%) 1019.0 (28) [M – Cl]$^+$, 725.6 (100) [M – Cl – (Me$_3$SiN)$_2$CC$_6$H$_4$OCH$_3$]$^+$.

EA: ber. (gef.) C, 47.76 (45.92); H, 7.16 (6.20); N, 7.96 (7.05) %.

Synthese von Chloro-tris(N,N'-diisopropylbenzamidinato)cer(IV) (11)

In einen 100 ml-Schlenkkolben wurden 1.54 g (2.0 mmol) **2** in 20 ml Toluol bei -70 °C vorgelegt und 0.28 g (1.0 mmol) Phenylioddichlorid [140] in fester Form dazu gegeben. Die Farbe des anfänglich gelben Reaktionsgemisches schlägt nach Zugabe des Oxidationsmittels bereits nach Sekunden ins Dunkelblaue um. Die Reaktion wurde im Anschluss bei -70 °C für 30 min gerührt, das Lösungsmittel komplett entfernt und das entstandene Produkt mit 30 ml Pentan gewaschen. Das Produkt kristallisierte in Form dunkelblauer, quaderförmiger Kristalle aus Toluol.
Bei Lagerung des Produktes in Toluol für 24 Stunden bei Raumtemperatur zeigt sich deutliche eine Zersetzung zu einem dunkelbraunen Produkt. In einer Toluollösung kann das Produkt bei 5 °C für 2 bis 3 Tage und bei -32 °C für ungefähr 2 Monate gelagert wurden. In festem Zustand ist bei -32°C die Lagerung für mehrere Monate möglich.

Summenformel:	$C_{39}H_{57}CeClN_6$
Molmasse:	785.48 g/mol
Ausbeute:	0.72 g (46%)
Schmelzpunkt:	78 °C (Zersetzung)

^{1}H NMR (400 MHz, Toluol-d_8, 25 °C): δ = 7.26 (d, ^3J = 6.0 Hz, 6H, Ar–*H*), 6.18-7.15 (m, 9H, Ar–*H*), 4.31 (m, 1H, (CH$_3$)$_2$C*H*N)$_2$CPh)), 4.20 (m, 1H, (CH$_3$)$_2$C*H*N)$_2$CPh)), 4.10 (m, 3H, (CH$_3$)$_2$C*H*N)$_2$CPh)), 3.41 (m, 1H, (CH$_3$)$_2$C*H*N)$_2$CPh)), 1.50-1.53 (m, 24H, (C*H$_3$*)$_2$CHN)$_2$CPh)), 1.20 (d, ^3J = 6.6Hz, 6H, (C*H$_3$*)$_2$CHN)$_2$CPh)), 1.04 (d, ^3J = 6.5Hz, 6H, (C*H$_3$*)$_2$CHN)$_2$CPh)). **^{13}C{^{1}H} NMR** (100.6 MHz, Toluol-d_8, 25 °C): δ = 171.5 (Me$_2$CHN)$_2$*C*Ph)), 133.8 (Ar-*C*), 128.6 (Ar-*C*), 127.9 (Ar-*C*), 126.2 (Ar-*C*), 52.4 (Me$_2$*C*HN)$_2$CPh)), 52.2 (Me$_2$*C*HN)$_2$CPh)), 49.9 (Me$_2$*C*HN)$_2$CPh)), 41.5 (Me$_2$*C*HN)$_2$CPh)), 26.1 ((*C*H$_3$)$_2$CHN)$_2$CPh)), 25.5 ((*C*H$_3$)$_2$CHN)$_2$CPh)), 41.5 ((*C*H$_3$)$_2$CHN)$_2$CPh)).
MS (EI, ^{140}Ce): m/z (%) 749.7 (15) [M – Cl]$^+$, 546.3 (20) [M – Cl – (^{i}PrN)$_2$CPh]$^+$, 203.2 (80) [(^{i}PrN)$_2$CPh]$^+$, 104.1 (100) [HNCPh]$^+$.

Experimenteller Teil

Synthese von N,N'-Diisopropyl(monolithio-*ortho*-carboranyl)amidino(dimethoxyethan) (12)

In einem 100 ml-Schlenkkolben wurden 0.5 g (3.47 mmol) *ortho*-Carboran in 30 ml DME/Pentan (1:2) vorgelegt und mit 2.2 ml 1.6 molarer *n*-Butyllithiumlösung (3.47 mmol) bei Raumtemperatur umgesetzt. Das Reaktionsgemisch wurde 1 h unter Schutzgas gerührt, anschließend mit 0.44g (3.47 mmol) N,N'-Diisopropylcarbodiimid versetzt und für weitere 12 h bei Raumtemperatur gerührt. Das Lösungsmittelvolumen wurde im Ölpumpenvakuum auf 10 ml reduziert. Nach Lagerung für 72 Stunden bei -32 °C kristallisierte das Produkt in Form farbloser, quaderförmiger Kristalle, die sich für eine Einkristall-Röntgenstrukturanalyse eigneten.

Summenformel: $C_{13}H_{35}B_{10}LiN_2O_2$
Molmasse: 366.48 g/mol
Ausbeute: 0.62 g (65%)
Schmelzpunkt: 112.5 °C

^{1}H NMR (400 MHz, THF-d_8, 25°C): δ = 4.60 (s$_{br}$, 1H, (^{i}PrN=)C(NH^iPr)), 3.70 (s$_{br}$, 2H, Me$_2$CHN), 3.57 (s, 4H, OCH_2), 3.26 (s, 6H, CH_3O), 1.20-3.00 (br, 10H, H–B), 1.13 (s$_{br}$, 6H, (CH_3)$_2$CHN), 1.05 (s$_{br}$, 6H, (CH_3)$_2$CHN). **^{13}C{^{1}H} NMR** (100.6 MHz, THF-d_8, 25°C): δ = 156.0 ((^{i}PrN=)C(NH^{i}Pr)), 81.3 ({C–CLi]$_{B10H10}$), 72.6 (OCH$_2$), 58.8 (CH$_3$O), 49.3 ({C–CLi]$_{B10H10}$), 48.0 ((Me$_2$$C$HN), 47.3 (Me$_2$$C$HN), 23.7 (($CH_3$)$_2$CHN).
IR (KBr cm^{-1}): ν$_{max}$ 3407 (st, NH), 3063 (w), 3008 (w), 2969 (st, ν$_s$ CH$_3$), 2934 (st, ν$_{as}$ CH$_2$), 2870 (m, ν$_{as}$ CH$_3$), 2850 (w, ν$_s$ CH$_2$), 2832 (w), 2565 (vs, BH), 1665 (st, C=N), 1634 (vs), 1519 (vs), 1474 (st, δ$_{as}$ CH$_3$), 1451 (st), 1413 (w), 1387 (m, δ$_s$ CH$_3$), 1369 (m), 1320 (m), 1297 (m), 1265 (st), 1244 (st), 1192 (m), 1162 (m), 1122 (vs), 1102 (st), 1079 (vs), 1038 (m), 1027 (m), 1017 (m), 974 (w), 932 (w), 868 (st), 845 (w), 833 (w), 791 (w), 743 (m), 726 (w), 723 (w,), 706 (w), 609 (w), 527 (w), 513 (m), 498 (w), 475 (w), 409 (w).
MS (EI): *m/z* (%) 270.2 (20) [M – Li – DME]$^+$, 227.1 (100) [(^{i}PrN=)(^{i}PrNH)C(C$_2$B$_{10}$H$_{10}$) – ^{i}Pr – H]$^+$, 170.1 (15) [N=C–C$_2$B$_{10}$H$_{10}$ – 2H]$^+$, 58.0 (95) [N^{i}Pr + H]$^+$.
EA: ber. (gef.) C, 42.61 (40.33); H, 9.63 (9.83); N, 7.64 (7.76) %.

Synthese von N,N'-Diisopropyl(*ortho*-carboran)amidin (13)

In einem 100 ml-Einhalskolben wurden 0.5 g (1.4 mmol) **12** in 10 ml Acetonitril gelöst und anschließend wenige Tropfen destilliertes Wasser zugegeben. Die Reaktionslösung wurde 10 min bei Raumtemperatur gerührt, filtriert, auf 3ml Volumen eingeengt und eine Woche bei -32°C gelagert. Das Produkt kristallisierte in Form von farblosen, undurchsichtigen, nadelförmigen Kristallen, die sich für eine Einkristall-Röntgenstrukturanalyse eigneten.

Summenformel:	$C_9H_{26}B_{10}N_2$
Molmasse:	270,43 g/mol
Ausbeute:	0,32 g (85%)
Schmelzpunkt:	57.0 °C

^{1}H NMR (400 MHz, THF-d_8, 25°C): δ = 4.92 (s, 1H, [C–C*H*]$_{B10H10}$), 4.55 (s$_{br}$, 1H, (^{i}PrN=)C(N*H*^{i}Pr)), 3.78 (sept, ^3J = 6.0 Hz, 2H, Me$_2$C*H*N), 1.40-3.20 (br, 10H, *H*–B), 1.16 (d, ^3J = 6.1 Hz, 6H, (C*H*$_3$)$_2$CHN), 1.03 (d, ^3J = 6.1 Hz, 6H, (C*H*$_3$)$_2$CHN). **^{13}C{^{1}H} NMR** (100.6 MHz, THF-d_8, 25°C): δ = 143.2 ((^{i}PrN=)*C*(NH^{i}Pr), 76.9 ([*C*–CH]$_{B10H10}$), 60.1 ([C–*C*H]$_{B10H10}$), 48.2 ((Me$_2$*C*HN), 47.3 (Me$_2$CHN), 24.2 ((*C*H$_3$)$_2$CHN), 23.7 ((*C*H$_3$)$_2$CHN).
IR (KBr cm^{-1}): ν$_{max}$ 3404 (w, NH), 3063 (m), 2969 (st, ν$_s$ CH$_3$), 2928 (w), 2869 (w, ν$_{as}$ CH$_3$), 2641 (m), 2630 (m), 2583 (st, BH), 2555 (m), 1665 (st, C=N), 1500 (m), 1470 (w, δ$_{as}$ CH$_3$), 1452 (m), 1386 (w, δ$_s$ CH$_3$), 1377 (w), 1364 (m), 1323 (m), 1303 (w), 1246 (m), 1188 (w), 1172 (w), 1121 (w), 1082 (w), 1013 (m), 730 (w), 720 (w), 509 (w), 473 (w), 451 (w).
MS (EI): *m/z* (%) 270.3 (30) [M]$^+$, 227.2 (100) [M – ^{i}Pr – H]$^+$, 170.2 (15) [N=C–C$_2$B$_{10}$H$_{10}$ –2H]$^+$, 58.1 (70) [N^{i}Pr + H]$^+$, 43.0 (30) [^{i}Pr]$^+$.
EA: ber. (gef.) C, 39.97 (39.82); H, 9.69 (9.56); N, 10.36 (9.63) %.

Synthese von Bis[*N,N'*-Diisopropyl(*ortho*-carboranyl)amidino]zinn(II) (14)

In einem 250 ml-Schlenkkolben wurden 1.00 g (7.0 mmol) *ortho*-Carboran in 100 ml THF vorgelegt und mit 4.4 ml einer 1.6 molaren *n*-Butyllithiumlösung (7.0 mmol) bei Raumtemperatur umgesetzt. Das Reaktionsgemisch wurde 1 h unter Schutzgas gerührt, anschließend mit 0.88 g (7.0 mmol) *N,N'*-Diisopropylcarbodiimid versetzt und weitere 24 h bei Raumtemperatur gerührt. Anschließend wurden 0.66 g (3.5 mmol) festes $SnCl_2$ zugegeben, wobei die Farbe sofort von farblos nach blass-gelb wechselt. Das Reaktionsgemisch wurde 24 h bei Raumtemperatur gerührt. Nach Beendigung der Reaktion wurde das THF im Ölpumpenvakuum komplett entfernt. Dabei kommt es zu einem starken Aufschäumen. Das Produkt wurde mit 50 ml Toluol extrahiert, wobei die Farbe innerhalb kurzer Zeit nach kräftig rot wechselt. Der Extrakt wurde auf 10 ml eingeengt und 24 h bei 5 °C gelagert. Das Produkt kristallisierte in Form von farblosen, quaderförmigen Kristallen, die sich für eine Einkristall-Röntgenstrukturanalyse eigneten.

Summenformel:	$C_{18}H_{50}B_{20}N_4Sn$
Molmasse:	657.55 g/mol
Ausbeute:	1.88 g (82%)
Schmelzpunkt:	> 260 °C

IR (KBr cm^{-1}): ν_{max} 3411 (vs, NH), 2974 (vs, ν_s CH_3), 2932 (st), 2871 (m, ν_{as} CH_3), 2581 (vs, BH), 1666 (m, C=N), 1599 (vs), 1516 (vs), 1458 (vs), 1390 (vs, δ_s CH_3), 1373 (st), 1164 (st), 1111 (vs), 1059 (vs), 1032 (st), 970 (m), 955 (m), 927 (m), 899 (m), 875 (w), 864 (w), 852 (m), 831 (w), 815 (m), 778 (w), 763 (w), 719 (st), 681 (w), 670 (w), 641 (w), 615 (w), 527 (w), 506 (m), 478 (m), 461 (w), 450 (m).

MS (EI): *m/z* (%) 657.1 (20) $[M]^+$, 388.0 (20) $[M - (^iPrN=)(^iPrNH)C(C_2B_{10}H_{10}) + 2H]^+$, 270.1 (20) $[(^iPrN=)(^iPrNH)C(C_2B_{10}H_{10})]^+$, 227.1 (50) $[(^iPrN=)(^iPrNH)C(C_2B_{10}H_{10}) - {^iPr} - H]^+$, 144.1 (60) $[C_2B_{10}H_{10}]^+$, 58.0 (100) $[N^iPr + H]^+$.

EA: ber. (gef.) C, 32.88 (33.01); H, 7.66 (8.09); N, 8.52 (8.73) %.

Synthese von Bis[N,N'-Diisopropyl(*ortho*-carboranyl)amidino]chrom(II) (**15**)

In einem 250 ml-Schlenkkolben wurden 1.00 g (7.0 mmol) *ortho*-Carboran in 100 ml THF vorgelegt und mit 4.4 ml einer 1.6 molaren *n*-Butyllithiumlösung (7.0 mmol) bei Raumtemperatur umgesetzt. Das Reaktionsgemisch wurde 1 h unter Schutzgas gerührt, anschließend mit 0.88 g (7.0 mmol) *N,N'*-Diisopropylcarbodiimid versetzt und weitere 24 h bei Raumtemperatur gerührt. Anschließend wurden 0.94 g (3.5 mmol) festes Chrom(II)chlorid-THF-Addukt zugegeben, wobei die Farbe sofort nach dunkelgrün umschlug. Das Reaktionsgemisch wurde 48 h bei Raumtemperatur gerührt. Nach Beendigung der Reaktion wurde das THF im Ölpumpenvakuum komplett entfernt. Dabei kommt es zu einem starken Aufschäumen.

Zur Extraktion des Produktes, wurde das Reaktionsgemisch dreimal mit 30 ml Toluol in der Wärme aufgenommen und filtriert. Anschließend wurde die kräftig grüne Toluollösung auf 20 ml eingeengt und 48 h bei 5 °C gelagert. Der Chromkomplex kristallisierte in blauen, quaderförmigen Kristallen und in grünen, nadelförmigen, kleinen Kristallen, die sich für eine Einkristall-Röntgenstrukturanalyse eigneten.

Summenformel: $C_{18}H_{50}B_{20}CrN_4$
Molmasse: 590.83 g/mol
Ausbeute: 0.93 g (45%)
Schmelzpunkt: 170 °C (Zersetzung)

IR (KBr cm^{-1}): ν_{max} 3902 (w), 3855 (w), 3631 (w), 3435 (m), 3403 (m, NH), 3385 (m), 2978 (m), 2972 (m, ν_s CH$_3$), 2933 (w), 2872 (w, ν_{as} CH$_3$), 2577 (vs, BH), 2344 (w), 1666 (w, C=N), 1591 (vs), 1521 (vs), 1456 (st), 1389 (m, δ_s CH$_3$), 1373 (m), 1323 (m), 1314 (m), 1284 (m), 1242 (m), 1181 (m), 1158 (m), 1122 (st), 1106 (m), 1059 (m), 1033 (m), 999 (w), 973 (w), 927 (w), 908 (w), 840 (w), 737 (w), 724 (w), 713 (w), 671 (w), 493 (w).

MS (EI): *m/z* (%) 591.2 (10) [M]$^+$, 270.2 (20) [(^{i}PrN=)(^{i}PrNH)C(C$_2$B$_{10}$H$_{10}$) + H]$^+$, 227.1 (100) [(^{i}PrN=)(^{i}PrNH)C(C$_2$B$_{10}$) – ^{i}Pr – H]$^+$, 58.0 (90) [N^{i}Pr + H]$^+$.

EA: ber. (gef.) C, 36.59 (36.64); H, 8.53 (8.43); N, 9.48 (9.46) %.

Synthese von Bis{Chloro[N,N'-Diisopropyl(*ortho*-carboranyl)amidino]chrom(II)} (**16**)

In einem 250 ml-Schlenkkolben wurden 0.40 g (2.8 mmol) *ortho*-Carboran in 100 ml THF vorgelegt und mit 1.7 ml einer 1.6 molaren n-Butyllithiumlösung (2.8 mmol) bei Raumtemperatur umgesetzt. Das Reaktionsgemisch wurde 1 h unter Schutzgas gerührt, anschließend mit 0.35 g (2.8 mmol) N,N'-Diisopropylcarbodiimid versetzt und weitere 24 h bei Raumtemperatur gerührt. Anschließend wurden 0.74 g (2.8 mmol) festes Chrom(II)chlorid-THF-Addukt zugegeben, wobei die Farbe sofort nach dunkelgrün wechselte. Das Reaktionsgemisch wurde weitere 48 h bei Raumtemperatur gerührt. Nach Beendigung der Reaktion wurde das THF im Ölpumpenvakuum komplett entfernt. Dabei kommt es zu einem starken Aufschäumen. Zur Extraktion des Produkts, wurde das Reaktionsgemisch zweimal mit 30 ml Toluol aufgenommen und filtriert. Anschließend wurde die kräftig blau-grüne Toluollösung auf 10 ml eingeengt und für 48 Stunden bei -32 °C gelagert. Der Chromkomplex kristallisierte in blau-grünen, dünnen, quaderförmigen Kristallen. Die Kristalle zeigen Dichroismus und je nach Einfallwinkel des Lichtes erscheinen sie unter dem Mikroskop mehr blau oder mehr grün. Kristalle, die sich für eine Einkristall-Röntgenstrukturanalyse eigneten, wurden durch langsames Abkühlen aus einer heißen Toluollösung auf Raumtemperatur erhalten.

Summenformel: $C_{18}H_{50}B_{20}Cl_2Cr_2N_4$
Molmasse: 713.73 g/mol
Ausbeute: 0.23 g (23%)
Schmelzpunkt: 132 °C (Zersetzung)

IR (KBr cm^{-1}): ν_{max} 3433 (m), 3403 (m, NH), 3384 (m), 2978 (m), 2972 (m, ν_s CH$_3$), 2933 (w), 2872 (w, ν_{as} CH$_3$), 2578 (vs, BH), 1667 (w, C=N), 1591 (vs), 1521 (vs), 1456 (st), 1389 (m, δ_s CH$_3$), 1373 (m), 1322 (m), 1289 (m), 1244 (m), 1181 (m), 1161 (m), 1122 (st), 1106 (m), 1060 (m), 1033 (m), 1000 (w), 973 (w), 737 (w), 724 (w), 493 (w).
MS (EI): m/z (%) 712.8 (100) [M]$^+$, 591.1 (40) [M – (^{i}PrN=)(^{i}PrNH)C + H]$^+$, 355.9 (35) [M – ClCr{(^{i}PrN=)(^{i}PrNH)C(C$_2$B$_{10}$)}]$^+$, 227.1 (15) [(^{i}PrN=)(^{i}PrNH)C(C$_2$B$_{10}$H$_{10}$) – ^{i}Pr – H]$^+$, 58.0 (10) [N^{i}Pr + H]$^+$.
EA: ber. (gef.) C, 30.29 (33.14); H, 7.06 (6.54); N, 7.85 (7.75) %.

Experimenteller Teil

Synthese von Chlorobis[N,N'-Diisopropyl(*ortho*-carboranyl)amidino]cer(III) (17)

In einem 250 ml-Schlenkkolben wurden 1.50 g (10.40 mmol) *ortho*-Carboran in 120 ml THF vorgelegt und mit 6.5 ml einer 1.6 molaren *n*-Butyllithiumlösung (10.40 mmol) bei Raumtemperatur umgesetzt. Das Reaktionsgemisch wurde 1 h unter Schutzgas gerührt, anschließend mit 1.31 g (10.40 mmol) N,N'-Diisopropylcarbodiimid versetzt und weitere 24 h bei Raumtemperatur gerührt. Anschließend wurden 1.33 g (5.20 mmol) festes Certrichlorid zur klaren, farblosen Lösung zugegeben und die so erhaltene Suspension für 6 h bei 60 °C gerührt. Nach Beendigung der Reaktion wurde das THF komplett entfernt und der verbleibende weiß-gelbe Feststoff bei 150 °C (Ölbad) im Ölpumpenvakuum intensiv von letzten Lösungsmittelspuren befreit. Dabei kommt es zu einem starken Aufschäumen. Zur Trennung des Produkts von Lithiumchlorid wurde der Feststoff in 30 ml Methylenchlorid aufgenommen und filtriert. Der Extrakt wurde auf 10 ml eingeengt und 24 h bei -32°C gelagert. Das Produkt kristallisierte in Form von kräftig goldgelben, quaderförmigen Kristallen.

Summenformel: $C_{18}H_{50}B_{20}CeClN_4$
Molmasse: 714.41 g/mol
Ausbeute: 2.32 g (62%)
Schmelzpunkt: > 260 °C

NMR:

^{1}H NMR (400 MHz, CD$_2$Cl$_2$, 25°C): δ = 4.17 (d$_{br}$, 2H, (^{i}PrN=)C(N**H**^{i}Pr)), 3.73 (sept, ^3J = 6.0 Hz, 4H, Me$_2$C**H**N), 1.45-3.40 (br, 20H, **H**–B), 1.14 (d, ^3J = 6.3 Hz, 12H, (C**H**$_3$)$_2$CHN), 1.01 (s$_{br}$, ^3J = 6.1 Hz, 12H, (C**H**$_3$)$_2$CHN). ^{13}C{^{1}H} NMR (100.6 MHz, CD$_2$Cl$_2$, 25°C): δ = 142.0 ((^{i}PrN=)**C**(NH^{i}Pr)), 76.1 ({**C**–CCe]$_{B10H10}$), 47.6 ((Me$_2$**C**HN), 46.5 ((Me$_2$**C**HN), 23.9 ((**C**H$_3$)$_2$CHN), 23.8 ((**C**H$_3$)$_2$CHN).

IR (KBr cm^{-1}): ν$_{max}$ 3393 (w, NH), 3066 (m), 2971 (vs, ν$_s$ CH$_3$), 2932 (m), 2872 (m, ν$_{as}$ CH$_3$), 2578 (m$_{br}$, BH), 2348 (w), 1667 (vs, C=N), 1591 (st), 1525 (st), 1470 (s, δ$_{as}$ CH$_3$), 1455 (st), 1388 (st, δ$_s$ CH$_3$), 1370 (st), 1320 (st), 1244 (st), 1164 (st), 1123 (st), 1081 (st), 1036 (m), 1016 (st), 986 (m), 864 (w), 721 (m).

MS (EI): *m/z* (%) 270.3 (20) [(^{i}PrN=)(^{i}PrNH)C(C$_2$B$_{10}$H$_{10}$)]$^+$, 227.2 (80) [(^{i}PrN=)(^{i}PrNH) – C(C$_2$B$_{10}$H$_{10}$) – ^{i}Pr – H]$^+$, 143.1 (60) [C$_2$B$_{11}$H$_8$]$^+$, 170.2 (15) [N=C–C$_2$B$_{10}$H$_{10}$ – 2H]$^+$, 85.0 (100) [N^{i}Pr + H]$^+$.

EA: ber. (gef.) C, 30.26 (31.80); H, 7.05 (6.94); N, 7.84 (7.86) %.

Synthese von [N,N',N''-Tris(3,5-di-*tert*-butyl-salicylidenatoamino)triethylamin]cer(III) (**18**)

In einen 100 ml-Schlenkkolben wurden 0.56 g (0.58 mmol) Chloro[N,N',N''-tris(3,5-di-*tert*-butylsalicylidenatoamino)triethylamin]cer(IV) [11] eingewogen und 2 h am Ölpumpenvakuum getrocknet. Anschließend wurde das Edukt in 30 ml THF gelöst und 0.03 g (0.77 mmol, Überschuss) Kalium im Argongegenstrom zugegeben. Das Reaktionsgemisch wurde über Nacht bei Raumtemperatur gerührt. Das Lösungsmittel wurde von der gelb-orangefarbenen Reaktionslösung im Ölpumpenvakuum komplett entfernt und der Rückstand in 20 ml Toluol aufgenommen. Nach Filtration wurde das klare, orangefarbene Filtrat auf ca. 5 ml eingeengt und bei -32 °C 24 h gelagert. Das Produkt fällt als orangefarbener, mikrokristalliner Feststoff aus. Kristalle, die sich für eine Einkristall-Röntgenstrukturanalyse eigneten, wurden durch Umkristallisation aus Diethylether bei 5 °C erhalten.

Summenformel: $C_{51}H_{75}CeN_4O_3$
Molmasse: 932.28 g/mol
Ausbeute: 0.50 g (92%)
Schmelzpunkt: 143 °C (Zersetzung)

^{1}H NMR (400 MHz, C_6D_6, 25 °C): δ = 17.99 (s, 3H, –N=C*H*–), 11.61 (s, 3H, Ar–*H*), 9.15 (s, 3H, Ar–*H*), 2.37 (s, 27H, –C(C*H*$_3$)$_3$), 0.92 (s, 3H, N–CH$_2$–C*H*$_2$–N=), -1.75 (s, 3H, N–C*H*$_2$–CH$_2$–N=), -2.16 (s, 27H,–C(C*H*$_3$)$_3$), -9.71 (s, 3H, N–C*H*$_2$–CH$_2$–N=), -12.41 (s, 3H, N–C*H*$_2$–CH$_2$–N=). ^{13}C{^{1}H} NMR (100.6 MHz, C_6D_6, 25 °C): δ = 188.1 (–O–*C*$_{Ar}$), 175.9 (–CH$_2$–N=*C*H–Ar), 150.0 (^{t}Bu–*C*$_{Ar}$), 143.1 (–N=CH–*C*$_{Ar}$), 140.1 (^{t}Bu–*C*$_{Ar}$), 132.2 (H–*C*$_{Ar}$), 129.3 (H–*C*$_{Ar}$), 40.8 (–CH$_2$–*C*H$_2$–N=–), 35.3 (–*C*H$_2$–CH$_2$–N=CH–), 33.6 (Ar–*C*Me$_3$), 33.5 (–*C*(CH$_3$)), 26.7 (–C(*C*H$_3$)).
IR (KBr cm^{-1}): ν$_{max}$ 2958 (st, ν$_s$ CH$_3$), 2903 (m, ν$_{as}$ CH$_2$), 2860 (m, ν$_{as}$ CH$_3$), 2850 (m, ν$_s$ CH$_2$), 2173 (w), 1622 (vs), 1619 (vs, C=N), 1615 (vs), 1551 (m, C=C Ring), 1535 (st), 1470 (m, δ$_s$ CH$_2$ + δ$_{as}$ CH$_3$), 1459 (m), 1434 (st), 1411 (st), 1391 (st), 1360 (m), 1336 (m), 1321 (st), 1275 (m), 1256 (st, CH Ring), 1237 (m), 1199 (m), 1165 (st), 1138 (w), 1077 (w), 1064 (w), 1037 (w), 1025 (w), 981 (w), 905 (w), 884 (w), 837 (m, CH Ring), 809 (w), 790 (w), 744 (m), 735 (w), 698 (w), 641 (w), 614 (w), 588 (w), 555 (w), 541 (w), 523 (w).
MS (EI): *m/z* (%) 931.7 (100) [M]$^+$, 916.6 (60) [M – CH$_3$]$^+$, 673.3 (45) [M – {N(CH$_2$)$_2$N=CH-Ar}]$^+$.
EA: ber. (gef.) C, 65.70 (65.47); H, 8.11 (8.04); N, 6.01 (5.63) %.

Experimenteller Teil

Synthese von [N,N',N''-Tris(3,5-di-*tert*-butyl-salicylidenatoamino)triethylamin]europium(III) (19)

In einem 500 ml-Rundkolben wurden in 100 ml Methanol 2.93 g (8.0 mmol) Europiumtrichlorid-Hexahydrat vorgelegt und unter Rühren 5.60 g (24 mmol) 3,5-Di-*tert*-butylsalicylaldehyd in 100 ml Methanol zugegeben. Nach Zugabe von 2.43 g (24.0 mmol) Triethylamin wurde das Gemisch für 30 min unter Rückfluss gerührt. Nach kurzem Abkühlen wurden 1.30 g (8.9 mmol, leichter Überschuss) Tris(2-aminoethyl)amin in 50 ml Methanol gelöst, innerhalb von 30 min zugetropft und erneut 24 h unter Rückfluss gerührt. Anschließend wurde das Lösungsmittel zuerst am Rotationsverdampfer (40 °C, 320 mbar) und dann im Ölpumpenvakuum entfernt. Das Produkt wurde durch eine Soxhlet-Extraktion mit 250 ml Toluol von unlöslichen Resten getrennt. Anschließendes Einengen des Extraktes auf ein Drittel des Volumens und 24 h Lagerung bei 5 °C lieferte ein kräftig gelbes, kristallines Produkt. Kristalle, die sich für eine Einkristall-Röntgenstrukturanalyse eigneten, konnten aus Acetonitril und DME jeweils bei 5°C erhalten wurden.

Summenformel:	$C_{51}H_{75}EuN_4O_3$
Molmasse:	944.13 g/mol
Ausbeute:	5.33 g (71%)
Schmelzpunkt:	234 °C (Zersetzung)

^{1}H NMR (400 MHz, C_6D_6, 25 °C): δ = 28.88 (s_{br}, 3H, –CH_2–), 16.74 (s, 3H, –CH_2–), 11.52 (s_{br}, 3H, –CH_2–), 7.82 (s, 27H, –C(CH_3)), 3.39 (s, 3H, –CH_2–), 3.23 (s, 3H, Ar–H), -0.28 (s, 27H, –C(CH_3)), -0.68 (s, 3H, Ar–H), -29.78 (s, 3H, –N=CH).
IR (KBr cm^{-1}): v_{max} 3431 (w), 2954 (vs, v_s CH$_3$), 2905 (st, v_{as} CH$_2$), 2865 (m, v_{as} CH$_3$), 1619 (vs, C=N), 1548 (m, C=C Ring), 1533 (st), 1460 (st), 1435 (st), 1412 (st), 1391 (st), 1361 (m), 1334 (st), 1325 (st), 1275 (m), 1257 (st, CH Ring), 1235 (w), 1201 (w), 1166 (st), 1039 (w), 905 (w), 836 (m, CH Ring), 790 (w), 744 (st), 523 (w).
MS (EI): m/z (%) 944.7 (90) [M]$^+$, 929.7 (20) [M – CH$_3$]$^+$, 219.1 (100) [CH(2-OH-3,5-^{t}Bu$_2$C$_6$H$_2$)]$^+$.
EA: ber. (gef.) C, 64.88 (65.03); H, 8.01 (8.11); N, 5.93 (5.71) %.

Synthese von Azido[*N,N',N''*-Tris(3,5-di-*tert*-butyl-salicylidenatoamino)triethylamin]cer(IV) (**20**)

In einem 300 ml-Erlenmeyerkolben wurden 0.60 g (0.62 mmol) Chloro[*N,N',N''*-tris(3,5-di-*tert*-butylsalicylidenatoamino)triethylamin]cer(IV) [11] in 200 ml THF bei Raumtemperatur komplett gelöst. Zu der dunkel blauvioletten Lösung wurden 0.08 g (1.24 mmol, 100% Überschuss) Natriumazid in fester Form zugegeben und 10 h bei Raumtemperatur gerührt. Die so entstandene dunkel rotviolette Reaktionslösung wurde durch Filtration vom hellen Niederschlag (NaCl) getrennt und das Lösungsmittel am Rotationsverdampfer bei 50 °C und 350 mbar komplett entfernt. Der Feststoff wurde in 120 ml heißem Acetonitril aufgenommen und bei 5°C stehen gelassen. Das Produkt kristallisierte bei Raumtemperatur als Acetonitril-Adduct in schwarzen, quaderförmigen Kristallen, die sich für eine Einkristall-Röntgenstrukturanalyse eigneten. Wurden diese Kristalle intensiv im Ölpumpenvakuum getrocknet, so verliert das Produkt das anhaftende Lösungsmittel.

Summenformel: $C_{51}H_{75}CeN_7O_3$
Molmasse: 974.3 g/mol
Ausbeute: 0.32 g (53%)
Schmelzpunkt: 201 °C

^{1}H NMR (400 MHz, THF-d_8, 25 °C): δ = 8.63 (s_{br}, 3H, –N=C*H*–Ar), 7.43 (s_{br}, 3H, Ar–*H*), 7.13 (s_{br}, 3H, Ar–*H*), 4.24 (s_{br}, 6, N–C*H*$_2$–CH$_2$–), 3.07 (s_{br}, 6, N–CH$_2$–C*H*$_2$–), 1.27 (s, 54H, –C(C*H*$_3$)$_3$).
^{13}C{^{1}H} NMR (100.6 MHz, THF-d_8, 25 °C): δ = 168.2 (–CH$_2$–N=*C*H–Ar), 139.9 (^{t}Bu–*C*$_{Ar}$), 137.9 (^{t}Bu–*C*$_{Ar}$), 129.9 (H–*C*$_{Ar}$), 126.6 (H–*C*$_{Ar}$), 65.8 (–*C*H$_2$–), 64.2 (–*C*H$_2$–), 36.5 (Ar–*C*Me$_3$), 35.3 (Ar–*C*Me$_3$), 32.8 (–C(*C*H$_3$)), 31.8 (–C(*C*H$_3$)).
IR (KBr cm^{-1}): ν$_{max}$ 3437 (m), 2956 (vs, ν$_s$ CH$_3$), 2907 (m, ν$_s$ CH$_2$), 2868 (m, ν$_{as}$ CH$_3$), 2044 (vs, ν$_{as}$ N$_3$), 1618 (vs, C=N), 1551 (m, C=C Ring), 1460 (m), 1435 (m), 1412 (m), 1391 (m), 1361 (m), 1336 (w), 1298 (m), 1272 (st), 1254 (vs), 1203 (m), 1174 (m), 836 (st, CH Ring), 811 (w), 779 (w), 746 (m), 526 (w).
MS (EI): *m/z* (%) 972.9 (0.02) [M]$^+$, 945.0 (1) [M – N$_2$]$^+$, 931.9 (100) [M – N$_3$]$^+$.
EA: ber. (gef.) C, 62.87 (62.82); H, 7.76 (7.84); N, 10.06 (9.90) %.

Experimenteller Teil

Synthese von [{N,N',N''-Tris(3,5-di-*tert*-butylsalicylidenatoamino)triethylamin}cer(IV)] [tetraphenylborat] (21)

In einen 250 ml-Rundkolben wurden 0.78 g (0.81 mmol) Chloro[N,N',N''-tris(3,5-di-*tert*-butylsalicylidenatoamino)triethylamin]cer(IV) [11] in 70 ml THF bei Raumtemperatur komplett gelöst. Zu der dunkel blauvioletten Lösung wurden 0.28 g (0.81 mmol) Natriumtetraphenylborat in fester Form zugegeben und 30 min bei Raumtemperatur gerührt. Die so entstandene dunkel rotviolette Reaktionslösung wurde durch Filtration vom hellen Niederschlag (NaCl) getrennt und das Lösemittel am Rotationsverdampfer bei 50 °C und 350 mbar komplett entfernt. Der Feststoff wurde in 120 ml heißem Acetonitril aufgenommen und bei Raumtemperatur stehen gelassen. Das Produkt kristallisierte in schwarzen, quaderförmigen Kristallen, die sich für eine Einkristall-Röntgenstrukturanalyse eigneten.

Summenformel: $C_{75}H_{95}BCeN_4O_3$
Molmasse: 1250.66 g/mol
Ausbeute: 0.90 g (89 %)
Schmelzpunkt: > 260 °C

^{1}H NMR (400 MHz, Aceton-d_6, 25 °C): δ = 9.07 (s, 3H, –N=C*H*–Ar), 7.62 (d, ^4J = 2.4 Hz, 3H, Ar–*H*), 7.46 (d, ^4J = 2.4 Hz, 3H, Ar–*H*), 7.35 (d$_{br}$, 8H, $^-$B{C$_6$*H*$_5$}$_4$), 6.92 (t, ^3J = 7.3 Hz, 8H, $^-$B{C$_6$*H*$_5$}$_4$), 6.77 (t, ^3J = 7.1 Hz, 4H, $^-$B{C$_6$*H*$_5$}$_4$), 4.56 (t$_{br}$, 3H, N{CH$_2$–C*H$_2$*–N=CH–Ar}$_3$Ce$^+$), 3.87 (d$_{br}$, 3H, N{CH$_2$–C*H$_2$*–N=CH–Ar}$_3$Ce$^+$), 3.50 (t$_{br}$, 3H, N{C*H$_2$*–CH$_2$–N=CH–Ar}$_3$Ce$^+$), 3.36 (d$_{br}$, 3H, N{C*H$_2$*–CH$_2$–N=CH–Ar}$_3$Ce$^+$), 1.32 (s, 27H, –C(C*H$_3$*)$_3$), 1.16 (s, 27H, –C(C*H$_3$*)$_3$). ^{13}C{^{1}H} NMR (100.6 MHz, Aceton-d_6, 25 °C): δ = 168.8 (N{CH$_2$–CH$_2$–N=*C*H–Ar}$_3$Ce$^+$), 165.7 (–O–*C*$_{Ar}$), 142.9 (^{t}Bu–*C*$_{Ar}$), 137.0 ($^-$B{*C*$_6$H$_5$}$_4$), 136.0 (^{t}Bu–*C*$_{Ar}$), 130.5 ({H–*C*$_{Ar}$}Ce$^+$), 129.7({H–*C*$_{Ar}$}Ce$^+$), 126.0 ($^-$B{*C*$_6$H$_5$}$_4$), 125.8 (–N=CH–*C*$_{Ar}$), 122.3 ($^-$B{*C*$_6$H$_5$}$_4$), 62.2 (N{*C*H$_2$–CH$_2$–N=CH–Ar}$_3$Ce$^+$), 56.0 (N{CH$_2$–*C*H$_2$–N=CH–Ar}$_3$Ce$^+$), 35.4 (–*C*Me$_3$), 34.7 (–*C*Me$_3$), 31.8 (–C(*C*H$_3$)), 30.3 (–C(*C*H$_3$)).

IR (KBr cm^{-1}): v_{max} 3432 (w), 3056 (m), 3036 (w), 2960 (st, v_s CH$_3$), 2906 (m, v_s CH$_2$), 2868 (m, v_{as} CH$_3$), 1615 (vs, C=N), 1580 (w), 1558 (m, C=C Ring), 1544 (m), 1478 (m), 1459 (m), 1435 (m), 1412 (m), 1391 (m), 1362 (m), 1333 (m), 1270 (st), 1252 (vs), 1200 (m), 1177 (m), 1135 (w), 1062 (w), 1033 (w), 979 (w), 908 (w), 879 (w), 837 (st, CH Ring), 811 (w), 776 (w), 745 (st), 734 (m), 706 (m), 613 (w), 531 (m), 453 (w), 416 (w).

MS (EI, 140Ce): *m/z* (%) 931.7 (100) [M – BPh$_4$]$^+$.
EA: ber. (gef.) C, 71.98 (71.60); H, 7.65 (7.71); N, 4.48 (5.33) %.

6. Abkürzungsverzeichnis

Abb.	Abbildung
Abk.	Abkürzung
ber.	berechnet
BIPY	2,2'-Bipyridin
Bu	Butyl
COSY	Correlation spectroscopy
Cp	Cyclopentadienyl
Cp*	Pentamethylcyclopentadienyl
Cp^{tt}	1,3-Di-*tert*-butylcyclopentadienyl
d	Dublett
DIIP	2,6-Di(isopropyl)phenyl
DME	Dimethoxyethan
EI	Elektronenstoss-Ionisation
Et	Ethyl
et al.	und Andere
EtOH	Ethanol
gef.	gefunden
H$_3$Trac	*N,N',N''*-Tris(3-aza-4-methylhept-4-en-6-on-1-yl)triethylamin
H$_3$Tramsal	*N,N',N''*-Tris(salicylidenamino)triethylmethan
H$_3$Trendsal	*N,N',N''*-Tris(3,5-di-*tert*-butylsalicylidenamino)triethylamin
H$_3$Trensal	*N,N',N''*-Tris(salicylidenamino)triethylamin
HMBC	Heteronuklear multiple bon correlation
HSQC	Heteronuclear single quantum coherence
^{i}Pr	isopropyl
IR	Infrarotspektroskopie
L	Ligand
Ln	Lanthanoid
m	Multiplett
M	Molekül
m/z	Masse zu Ladungsverhältnis
max	maximal
m	Multiplett
m$_{br}$	Multiplett breit
Me	Methyl
MeOH	Methanol
m	mittel (im IR)
Mes	Mesityl
meta-Carboran	1,7-Dicarba-*closo*-dodecaboran(12)
min	minimal
MOCVD	Metal Organic Chemical Vapor Deposition
MS	Massenspektroskopie
NMR	Nuclear Magnetic Resonance

ortho-Carboran	1,2-Dicarba-*closo*-dodecaboran(12)
para-Carboran	1,12-Dicarba-*closo*-dodecaboran(12)
Ph	Phenyl
ppm	parts per million
PyTp	Tris[3-(2'-pyridyl)pyrazol-1-yl]hydroborat
Pz'	3,5-Dimethylpyrazol-1-yl
q	Quartett
RT	Raumtemperatur
s	Singulett
S	Solvenzmolekül
Sal	Salicylaldehyd
Schmp.	Schmelztemperatur
Sdp.	Siedetemperatur
st	Stark (im IR)
t	*tertiär*
t	Triplett
T	Temperatur
^{t}Bu	*tert*-Butyl
TEEDA	N,N,N',N'-Tetraethylethylendiamin
tert	*tertiär*
THF	Tetrahydrofuran
THT	Tetrahydrothiophen
TMEDA	N,N,N',N'-Tetramethylethylendiamin
TMS	Tetramethylsilan
Tram	Tris(2-aminoethyl)methan
Tren	Tris(2-aminoethyl)amin
vs	sehr stark (im IR)
w	wenig intensiv (im IR)
δ[ppm]	chemische Verschiebung im NMR, angegeben in parts per million

7. Literaturverzeichnis

[1] a) V. Nair, L. Balagopal, R. Rajan, J. Mathew, *Acc. Chem. Res.*, **2004**, *37*, 21; b) R. M. C. Carrijo, J. R. Romero, *Quimica Nova* **2000**, *23*, 331; c) A. K. Das, *Coord. Chem. Rev.* **2001**, *213*, 307; d) V. Nair, L. Balagopal, R. Rajan, J. Mathew, *Acc. Chem. Res.* **2004**, *37*, 21; e) J. Dziegiec, S. Domagala, *Trends Inorg. Chem.* **2005**, *8*, 43.

[2] a) M. Komiyama, *Metal Ions Biol. Syst.* **2003**, *40*, 463; b) Y. Yamamoto, M. Komiyama, *Materials Integration* **2005**, *19*, 55.

[3] H. Jian, X. Zhou, D. Zhao, *Huaxue Shiji* **2006**, *28*, 279.

[4] Neuere Übersichtsartikel: a) J. Kasper. P. Fornasiero, M. Graziani, *Catal. Today* **1999**, *50*, 285; b) A. Trovarelli, C. de Leitenburg, M. Boaro, G. Dolcetti, *Catal. Today* **1999**, *50*, 535; c) J. Kasper, M. Graziani, P. Fornasiero, in: *Handbook on the Physics and Chemistry of the Rare Earths* (Herausg.: K. A. Gschneider Jr., L. Eyring) **2000**, *29*, 159; d) D. Duprez, C. Descorme, *Catal. Sci. Ser.* **2002**, *2*, 243; e) M. Shelef, G. W. Graham, R. W. McCabe, *Catal. Sci. Ser.* **2002**, *2*, 343; f) M. Primet, E. Garbowski, *Catal. Sci. Ser.* **2002**, *2*, 407; g) S. Imamura, *Catal. Sci. Ser.* **2002**, *2*, 431; h) J. Kapser, P. Fornasiero, *J. Solid State Chem.* **2003**, *171*, 19; i) M. Wang, W. Wei, L. Luo, *Huagong Jinzhan* **2006**, *25*, 517.

[5] a) D. C. Bradley, H. Holloway, *Can. J. Chem.* **1962**, *40*, 1176; b) A. Sen, H. A. Stecher, A. L. Rheingold, *Inorg. Chem.* **1992**, *31*, 473; c) L. G. Hubert-Pfalzgraf, N. El Khokh, J. C. Daran, *Polyhedron* **1992**, *11*, 59; d) L. G. Hubert-Pfalzgraf, H. Guillon, *Appl. Organomet. Chem.* **1998**, *12*, 221; e) S. Suh, J. Guan, L. A. Miinea, J.-S. M. Lehn, D. M. Hoffman, *Chem. Mater.* **2004**, *16*, 1667.

[6] a) S.-K. Kim, P.-W. Yoon, U. Paik, T. Katoh, J.-G. Park, *Jpn. J. Appl. Phys.* **2004**, *43*, 7427; b) H.-G. Kang, T. Katoh, M.-Y. Lee, H.-S. Park, U. Paik, J.-G. Park, *Jpn. J. Appl. Phys.* **2004**, *43*, L1060; c) H.-G. Kang, T. Katoh, W.-M. Lee, U. Paik, J.-G. Park, *Jpn. J. Appl. Phys.* **2004**, *43*, L1; d) P. Suphantharida, K. Osseo-Asare, *J. Electrochem. Soc.* **2004**, *151*, G658.

[7] a) T. Masui, K. Fujiwara, K. I. Machida, G. Y. Adachi, *Chem. Mater.* **1997**, *9*, 2179; b) L. X. Yin, Y. Q. Wang, G. S. Pang, Y. Koltypin, A. Gedanken, *J. Colloid Interface Sci.* **2002**, *246*, 78; c) H. Wang, J. J. Zhu, X. H. Liao, S. Xu, T. Ding, H. Y. Chen, *Phys. Chem. Chem. Phys.* **2002**, *4*, 3794; d) A. S. Deshpande, N. Pinna, P. Beato, M. Antonietti, M. Niederberger, *Chem. Mater.* **2004**, *16*, 2599.

[8] a) F. T. Edelmann, *Adv. Organomet. Chem.* **2008**, *57*, 183; b) F. T. Edelmann, D. M. M. Freckmann, H. Schumann, *Chem. Rev.* **2002**, *102*, 1851; c) P. J. Bailey, S. Pace, *Coord. Chem. Rev.* **2001**, *214*, 91.

[9] R. Anwander, *Top. Curr. Chem.* **1996**, *179*, 33.

[10] Y. K. Gun'ko, R. Reilly, F. T. Edelmann, D. Stalke, *Angew. Chem.* **2001**, *133*, 1319.

[11] P. Dröse, J. Gottfriedsen, *Z. Anorg. Allg. Chem.* **2008**, *634*, 87.

[12] C. Morton, N. W. Alcock, M. R. Lees, I. J. Munslow, C. J. Sanders, P. Scott, *J. Am. Chem. Soc.*, **1999**, *121*, 11255.

[13] a) O. Eisenstein, P. B. Hitchcock, A. G. Hulkes, M. F. Lappert, L. Maron, *Chem. Commun.* **2001**, 1560; b) P. B. Hitchcock, A. G. Hulkes, M. F. Lappert, *Inorg. Chem.* **2004**, *43*, 1031.

[14] a) A. Greco, S. Cesca, G. Bertolini, *J. Organomet. Chem.* **1976**, *113*, 321; b) M. D. Walter, C. H. Booth, W. W. Lukens, R. A. Andersen, *Organometallics* **2009**, *28*, 698.

[15] A. Gulino, M. Casarin, V. P. Conticello, J. G. Gaudiello, H. Mauermann, I. Fragalá, T. J. Marks, *Organometallics* **1988**, *7*, 2361.
[16] W. J. Evans, T. J. Deeming, J. W. Ziller, *Organometallics* **1989**, *8*, 1581.
[17] M. Wedler, F. Knösel, U. Pieper, D. Stalke, F. T. Edelmann, H.-D. Amberger, *Chem. Ber.* **1992**, *125*, 2171.
[18] P. V. Bernhardt, B. M. Flanagan, M. J. Riley, *Aust. J. Chem.* **2001**, *54*, 229.
[19] P. V. Bernhardt, B. M. Flanagan, M. J. Riley, *Aust. J. Chem.* **2000**, *53*, 229.
[20] J.-P. Costes, A. Dupuis, G. Commenges, S. Lagrave, J.-P. Laurent, *Inorg. Chem. Acta* **1999**, *285*, 49.
[21] M. Kanesato, T. Yokoyama, *Chemistry Letters* **1999**, *28*, 137.
[22] M. W. Essig, W. Keogh, B. L. Scott, J. G. Watkin, *Polyhedron* **2001**, *20*, 373.
[23] S. Salehzadeh, S. M. Nouri, H. Keypour, M. Bagherzadeh, *Polyhedron* **2005**, *24*, 1478.
[24] A. R. Sanger *Inorg. Nucl. Chem. Lett.* **1973**, *9*, 351.
[25] R. T. Boeré, R.T. Oakley, R. W. Reed, *J. Organomet. Chem.* **1987**, *331*, 161.
[26] F. T. Edelmann *Coord. Chem. Rev.* **1994**, *137*, 403.
[27] R. Duchateau, C. T. van Wee, A. Meetsma, P. Th. van Duijnen, J. H. Teuben *Organometallics* **1996**, *15*, 2279.
[28] J. Richter, J. Feiling, H.-G. Schmidt, M. Noltemeyer, W. Brüser, F. T. Edelmann, *Z. Anorg. Allg. Chem.* **2004**, *630*, 1269.
[29] M. Wedler, M. Noltemeyer, U. Pieper, H.-G. Schmidt, D. Stalke, F, T. Edelmann, *Angew. Chem.* **1990**, *102*, 941.
[30] M. Wedler, H. W. Roesky, F. T. Edelmann, *J. Organomet. Chem.* **1988**, *345*, C1.
[31] M. Wedler, F. Knösel, M. Noltemeyer, F. T. Edelmann, U. Behrens, *J. Organomet. Chem.* **1990**, *388*, 21.
[32] M. Wedler, A. Recknagel, J. W. Gilje, M. Nottemeyer, F. T. Edelmann, *J. Organomet. Chem.* **1992**, *426*, 295.
[33] F. T. Edelmann, *Chem. Soc. Rev.* **2009**, *38*, 2253.
[34] Jie Zhang, Ruyi Ruan, Zehuai Shao, Ruifang Cai, Linhong Weng, Xigeng Zhou *Organometallics* **2002**, *21*, 1420.
[35] W.-Xiong Zhang, M. Nishiura, Z. Hou, *J. Am. Chem. Soc.* **2005**, *127*, 16788.
[36] B. Liu, Y. Yang, D. Cui, T. Tang, X. Chen, X. Jing, *Dalton Trans.* **2007**, 4252.
[37] J. D. Masuda, K. C. Jantunen, B. L. Scott, J. L. Kiplinger *Organometallics* **2008**, 27, 1299.
[38] S. Bamibirra, H. Tsurugi, D. van Leusen, B. Hessen, *Dalton Trans.* **2006**, 1157.
[39] S. Bambirra, F. Perazzolo, S. J. Boot, T. J. J. Sciarone, A. Meetsma, B. Hessen, *Organometallics* **2008**, *27*, 704.
[40] C. Hagen, H. Reddmann, H.-D. Amberger, F. T. Edelmann, U. Pegelow, G. V. Shalimoff, N. M. Edelstein, *J. Organomet. Chem.* **1993**, *462*, 69.
[41] C. Villers, P. Thuéry, M. Ephritikhine, *Eur. J. Inorg. Chem.* **2004**, 4624.
[42] S. Bambirra, M. J. R. Brandsma, E. A. C. Brussee, A. Meetsma, B. Hessen, J. H. Teuben, *Organometallics* **2000**, *19*, 3197.
[43] C. L. Boyd, T. Toupance, B. R. Tyrrell, B. D. Ward, C. R. Wilson, A. R. Cowley, P. Mountford, *Organometallics* **2005**, *24*, 309.
[44] H. Schumann, J. Winterfeld, H. Hemlinga, F. E. Hahn, P. Reich, K.-W. Brzezinka, F. T. Edelmann, U. Kilimann, M. Schäfer, R. Herbst-Irmer, *Chem. Ber.* **1995**, *128*, 395.
[45] F. T. Edelmann, J. Richter, *Eur. J. Solid State Inorg. Chem.* **1996**, *33*, 157.

[46] A. Recknagel, F. Knösel, H. Gornitzka, M. Noltemeyer, F. T. Edelmann, *J. Organomet. Chem.* **1991**, *417*, 363.

[47] K. Dehnicke, C. Ergezinger, E. Hartmann, A. Zinn, K. Hösler, *J. Organomet. Chem.* **1988**, *352*, C1.

[48] a) M. L. Cole, C. Jones, P. C. Junk, M. Kloth, A. Stasch, *Chem. Eur. J.* **2005**, *11*, 4482; b) C. Jones, P. C. Junk, J. A. Platts, D. Rathmanna, A. Stascha, *Dalton Trans.* **2005**, 2497; c) C. Jones, P. C. Junk, M. Kloth, K. M. Proctor, A. Stasch, *Polyhedron* **2006**, *25*, 1592; d) R. P. Rose, C. Jones, C. Schulten, S. Aldridge, A. Stasch, *Chem. Eur. J.* **2008**, *14*, 8477.

[49] a) F. T. Edelmann, *J. Organomet. Chem.* **1992**, *426*, 261; b) S. Dagorne, I. A. Guzei, M. P. Coles, R. F. Jordan, *J. Am. Chem. Soc.* **2000**, *122*, 274; c) C. Jones, C. Schulten, R. P. Rose, A. Stasch, S. Aldridge, W. D. Woodul, K. S. Murray, B. Moubaraki, M. Brynda, G. La Macchia, L. Gagliardi, *Angew. Chem. Int. Ed.* **2009**, *48*, 7406.

[50] S. Cotton in *Lanthanide and Actinide Chemistry* (Eds. D. Woolins, B. Crabtree, D. Atwood, G. Meyer) John Wiley Sons Ltd, The Atrium, Southern Gate, Chichester, West Sussex **2006**, a) S. 27; b) S. 51; c) S. 53; d) S. 92; e) S. 20.

[51] R. Duchateau, C. T. van Wee, J. H. Teuben, *Organometallics* **1996**, *15*, 2291.

[52] U. Kilimann, F. T. Edelmann, *J. Organomet. Chem.* **1994**, *469*, C5.

[53] R. Duchateau, A. Meetsma, J. H. Teuben, *Organomet.* **1996**, *15*, 1656.

[54] S. Bambirra, M. W. Bouwkamp, A. Meetsma, B. Hessen, *J. Am. Chem. Soc.* **2004**, *126*, 9182.

[55] N. Nimitsiriwat, V. C. Gibson, E. L. Marshall, A. J. P. White, S. H. Dale, M. R. J. Elsegood, *Dalton Trans.* **2007**, 4464.

[56] C. Jones, R. P. Rose, A. Stasch, *Dalton Trans.* **2008**, 2871.

[57] a) J. L. Atwood, M. F. Lappert, R. G. Smith, H. Zhang, *J. Chem. Soc., Chem. Commun.* **1988**, 1308. b) C. J. Schaverien, J. B. Van Mechelen, *Organometallics* **1991**, *10*, 1704.

[58] B. S. Lim, A. Rahtu, J.-S. Park, R. G. Gordon, *Inorg. Chem.* **2003**, *42*, 7951.

[59] a) H. Fujita, R. Endo, K. Murayama, T. Ichii, *Bull. Chem. Soc. Jpn.* **1972**, *45*, 1581; b) H. Fujita, R. Endo, A. Aoyama, T. Ichii, *Bull. Chem. Soc. Jpn.* **1972**, *45*, 1846; c) H. Fujita, R. Endo, K. Murayama, *Chem. Lett.* **1973**, 883; d) W. Ried, M. Wegwitz, *Liebigs Ann. Chem.* **1975**, 89; e) W. Ried, R. Schweitzer, *Chem. Ber.* **1976**, *109*, 1643; f) W. Ried, H. Winkler, *Chem. Ber.* **1979**, *112*, 384; g) G. F. Schmidt, G. Süss-Fink, *J. Organomet. Chem.* **1988**, *356*, 207; h) Z. Wang, Y. Wang, W.-X. Zhang, Z. Hou, Z. Xi, *J. Am. Chem. Soc.* **2009**, *131*, 15108.

[60] a) P. Sienkiewich, K. Bielawski, A. Bielawska, J. Palka, *Environ. Toxicol. Pharmacol.* **2005**, *20*, 118; b) T. M. Sielecki, J. Liu, S. A. Mousa, A. L. Racanelli, E. A. Hausner, R. R. Wexler, R. E. Olson, *Bioorg. Med. Chem. Lett.* **2001**, *11*, 2201; c) C. E. Stephens, E. Tanious, S. Kim, D. W. Wilson, W. A. Schell, J. R. Perfect, S. G. Franzblau, D. W. Boykin, *J. Med. Chem.* **2001**, *44*, 1741; d) C. N. Rowley, G. A. DiLabio, S. T. Barry, *Inorg. Chem.* **2005**, *44*, 1983.

[61] a) S. Zhou, S. Wang, G. Yang, Q. Li, L. Zhang, Z. Yao, Z. Zhou, H. Song, *Organometallics* **2007**, *26*, 3755; b) Z. Du, W. Li, X. Zhu, F. Xu, Q. Shen, *J. Org. Chem.* **2008**, *73*, 8966; c) Y. Wu, S. Wang, L. Zhang, G. Yang, X. Zhu, Z. Zhou, H. Zhu, S. Wu, *Eur. J. Org. Chem.* **2010**, 326.

[62] D. J. Brown, M. H. Chisholm, J. C. Gallucci, *Dalton Trans.* **2008**, 1615.

[63] L. A. Leites, *Chem. Rev.* **1992**, *92*, 279.

[64] V. I. Bregadze, *Chem. Rev.* **1992**, *92*, 209.
[65] F. A. Gomez, S. E. Johnson, M. F. Hawthorne, *J. Am. Chem. Soc.* **1991**, *113*, 5915.
[66] a) Z. Xie, S. Wang, Z.-Y. Zhou, T. C. W. Mak, *Organometallics* **1999**, *18*, 1641; b) Z. Xie, S. Wang, Q. Yang, T. C. W. Mak, *Organometallics* **1999**, *18*, 2420; c) S.Wang, Q. Yang, T. C. W. Mak, Z. Xie, *Organometallics* **2000**, *19*, 334; d) G. Zi, Qingchuan Yang, T. C. W. Mak, Z. Xie, *Organometallics* **2001**, *20*, 2359; e) S. Wang, H.-W. Li, Z. Xie, *Organometallics* **2004**, *23*, 2469.
[67] a) G. Zi, H.-W. Li, Z. Xie, *Organometallics* **2002**, *21*, 1136; b) H. Wang, H.Wang, Hu.-W. Li, Z. Xie, *Organometallics* **2004**, *23*, 875.
[68] Z. Xie, *Acc. Chem. Res.* **2003**, *36*, 1.
[69] a) G. Z. Suleimanov, V. I. Bregadze, N. A. Koval'chuk, I. P. Beletskaya, *J. Organomet. Chem.* **1982**, *235*, C17; b) V. I. Bregadze, N. A. Koval'chuk, N. N. Gogovikov, *J. Organomet. Chem.* **1982**, *241*, C13; c) G. Z. Suleimanov, V. I. Bregadze, N. A. Koval'chuk, K. S. Khalilov, I.P. Beletskaya, *J. Organomet. Chem.* **1983**, *255*, C5.
[70] Z. Xie, K. Chui, Q. Yang, T. C. W. Mak, *Organometallics Commun.* **1999**, *18*, 3947.
[71] S. Wang, Q. Yang, T. C. W. Mak, Z. Xie, *Organometallics* **1999**, *18*, 4478.
[72] R. D. Shannon, *Acta Crystallogr. Sect. A* **1976**, *32*, 751.
[73] L. C. Thompson in *Handbook on the physical and chemistry of Rare Earths* (Eds. K. A. Gschneider, Jr. and L. Eyring) North-Holland Publishing Company, Amsterdam **1979**, *3*, 226.
[74] S. Mizukami, H. Houjou, M. Kanesato, K. Kiratani, *Chem. Eur. J.* **2003**, *9*, 1521.
[75] U. Casellato, S. Tamburini, P. Tomasin, P. A. Vigato, M. Botta, *Inorg. Chim. Acta* **1996**, *247*, 143.
[76] M. Kenesato, F. N. Ngassapa, T. Yokoyama, *Anal. Sci.* **2001**, *17*, 473
[77] Angelo J. Amoroso, John C. Jeffery, Peter L. Jones, Jon A. McCleverty, Leigh Rees, Arnold L. Rheingold, Vimin Sun, Josef Takats, Swiatoslaw Trofimenko, Michael D. Ward and Glenn P. A. Vap, *J. Chem. Soc., Chem. Commun.* **1995**, 1881.
[78] J. A. Broomhead, D. J. Robinson, *Aust. J. Chem.* **1968**, *21*, 1365.
[79] Francis P. Dwyer, Naida S. Gill, Eleonora C. Gyarfas, Francis Lions, *J. Am. Chem. Soc.* **1957**, *79*, 1269.
[80] Yalçin Elerman, Mehmet Kabak, Ingrid Svoboda, Hartmut Fuess, Orhan Atakol, *Journal of Chemical Crystallography* **1995**, *25*, 227.
[81] S. Liu, L. Gelmini, S. J. Rettig, R. C. Thompson, C. Orvig, *J. Am. Chem. Soc.* **1992**, *114*, 6081.
[82] D. R. Berg, S. J. Rettig, C. Orvig, *J. Am. Chem.Soc.* **1991**, *113*, 2528.
[83] J. Parr, A. T. Ross, A. M. Z. Slawin, *Main Group Chem.* **1998**, *2*, 243.
[84] a) Huiyong Chen, Ronald D. Archer, *Inorg. Chem.*, **1994**, *33*, 5195; b) J. P. Costes, F. Dahan, A. Dupuis, J. P. Laurent, *Inorg. Chem.* **1998**, *37*, 153; c) J. P. Costes, A. Dupuis, J. P. Laurent, *Inorg. Chim. Acta* **1998**, *268*, 125.
[85] A. Smith, S. J. Rettig, C. Orvig, *Inorg. Chem.*, **1988**, *27*, 3929.
[86] P. Caravan, T. Hedlund, S. Liu, S. Sjöberg, C. Orvig, *J. Am. Chem. Soc.* **1995**, *117*, 11230.
[87] A. Malek, G. C. Dey, A. Nasreen, T. A. Chowdhury, *Synth. React. Inorg. Met.-Org. Chem.* **1979**, *9*, 145.
[88] M. Kanesato, F. N. Ngassapa, T.Yokoyama, *Analytical Sciences* **2001**, *17*, 1359.
[89] S. Liu, L.-W. Yang, S. J. Rettig, C. Orvig, *Inorg. Chem.* **1993**, *32*, 2773.

[90] P.Wei, D. A. Atwood, *J. Organomet. Chem.* **1988**, *563*, 87.
[91] a) B. Matković, D. Grdenić, *Acta Crystallogr.* **1963**, *16*, 456; b) H. Titze, *Acta Chem. Scand. A* **1974**, *28*, 1079; c) H. Titze, *Acta Chem. Scand.* **1969**, *23*, 399; d) M. Becht, K.-H. Dahmen, V. Gramlich, A. Marteletti, *Inorg. Chim. Acta* **1996**, *248*, 27; e) M. Becht, T. Gerfin, K.- H. Dahmen, *Chem. Mater.* **1993**, *5*, 137; f) P. Soininen, L. Niinistö, E. Nykänen, M. Leskelä, *Appl. Surf. Sci.* **1994**, *75*, 99; g) M. J. DelaRosa, K. S. Bousman, J. T. Welch, P. J. Toscano, *J. Coord. Chem.* **2002**, *55*, 781; h) J. McAleese, J. C. Plakatourras, B. C. H. Steele, *Thin Solid Films* **1996**, *280*, 152.
[92] P. B. Hitchcock, M. F. Lappert, A. V. Protchenko, *Chem. Commun.* **2006**, 3546.
[93] a) W. J. Evans, T. J. Deming, J. M. Olofson, J. W. Ziller, *Inorg. Chem.* **1989**, *28*, 4027; b) Y. K. Gun'ko, R. Reilly, F. T. Edelmann, H.-G. Schmidt, *Angew. Chem.* **2001**, *113*, 1319; *Angew. Chem. Int. Ed. Engl.* **2001**, *40*, 1279; c) A. Gulino, M. Cassarin, V. P. Conticello, J. G. Gaudiello, H. Mauermann, I. Fragala, T. J. Marks, *Organometallics* **1988**, *7*, 2360.
[94] Hou, Z.; Wakatsuki, Y. *Coord. Chem. Rev.* **2002**, *231*, 1.
[95] Gromada, J.; Carpentier, J.-F.; Mortreux, A. *Coord. Chem. Rev.* **2004**, *248*, 397.
[96] G. Jeske, H. Lauke, H. Mauermann, H. Schumann, T. J. Marks, *J. Am. Chem. Soc.* **1985**, *107*, 8111.
[97] W.J. Evans, K.J. Forrestal, M.A. Ansari, J.W. Ziller *J. Am. Chem. Soc.* **1998**, *120*, 2180.
[98] W.J. Evans, K.J. Forrestal, J.W. Ziller, *J. Am. Chem. Soc.* **1998**, *120*, 9273.
[99] Duchateau, R.; van Wee, C. T.; Meetsma, A.; Teuben, J. H. *J. Am. Chem. Soc.* **1993**, *115*, 4931.
[100] W. J. Evans, J. M. Perotti, S. A. Kozimor, T. M. Champagne, B. L. Davis, G. W. Nyce, C. H. Fujimoto, R. D. Clark, M. A. Johnston, J. W. Ziller, *Organomet.* **2005**, *24*, 3916.
[101] W. J. Evans, C. A. Seibel, J. W. Ziller, *J. Am. Chem. Soc.* **1998**, *120*, 6745.
[102] W. J. Evans, D. B. Rego, J. W. Ziller, *Inorg. Chem.* **2006**, *45*, 10790.
[103] a) S. Hajela, W. P. Schaefer, J. E. Bercaw, *J. Organomet. Chem.* **1997**, *532*, 45; b) S. C. Lawrence, B. D. Ward, S. R. Dubberley, C. M. Kozak, P. Mountford, *Chem. Commun.* **2003**, 2880; c) S. Bambirra, D. van Leusen, A. Meetsma, B. Hessen, J. H. Teuben, *Chem. Commun.* **2003**, 522; d) S. Bambirra, D. van Leusen, A. Meetsma, B. Hessen, J. H. Teuben, *Chem. Commun.* **2001**, 637.
[104] a) A. Porri, A. Giarusso, in: *Comprehensive Polymer Science*, Vol. 4, Part II (Eds.: G. C. Eastmond, A. Ledwith, S. Russo, B. Sigwalt), Pergamon Press, Oxford, **1989**, p. 53; b) R. Taube, in: *Applied Homogeneous Catalysis*, Vol. 1, (Eds.: B. Cornils, W. A. Herrmann), VCH, Weinheim, **1996**, p. 280; c) R. Taube, in: *Metalorganic Catalysts for Synthesis and Polymerisation*, (Ed.: W. Kaminsky), Springer, Berlin, **1999**, p. 531.
[105] F. Lauterwasser, P. G. Hayes, S. Bräse, W. E. Piers, L. L. Schafer, *Organometallics* **2004**, *23*, 2234.
[106] C. G. J. Tazelaar, S. Bambirra, D. van Leusen, A. Meetsma, B. Hessen, J. H. Teuben, *Organometallics* **2004**, *23*, 936.
[107] W. J. Evans, M. A. Johnston, M. A. Greci, T. S. Gummersheimer, J. W. Ziller, *Polyhedron*, **2003**, *22*, 119.
[108] B. R. Elvidge, S.Arndt, P. M. Zeimentz, T. P. Spaniol, J. Okuda, *Inorg. Chem.* **2005**, *44*, 6777.
[109] G. B. Deacon, B. Görtler, P. C. Junk, E. Lork, R. Mews, J. Petersen, B. Zemva, *J. Chem. Soc., Dalton Trans.* **1998**, 3887.

[110] G.A. Molander, R. M. Rzasa, *J. Org. Chem.* **2000**, *65*, 1215.
[111] C. J. Schaverien, *Organometallics* **1992**, *11*, 3476.
[112] S. Arndt, J. Okuda, *Adv. Synth. Catal.* **2005**, 347.
[113] Q. Liu, C. Meermann, H. W. Görlitzer, O. Runte, E. Herdtweck, P. Sirsch, K. W. Törnroos, R. Anwander, *Dalton Trans.* **2008**, 6170.
[114] H. J. Heeres, A. Meetsma, J. H. Teuben, *J. Organomet. Chem.* **1991**, *414*, 351.
[115] P. G. Hayes, W. E. Piers, M. Parvez, *J. Am. Chem. Soc.* **2003**, *125*, 5622.
[116] P. N. Hazin, J. C. Huffman, J. W. Bruno, *J. Chem. Soc., Chem. Commun.* **1988**, 1473.
[117] P. G. Hayes, W. E. Piers, M. Parvez, *Organometallics* **2005**, *24*, 1173.
[118] a) S. Beck, S. Lieber, F. Schaper, A. Geyer, H. H. Brintzinger, *J. Am. Chem. Soc.* **2001**, *123*, 1483; b) F. Schaper, A. Geyer, H.-H. Brintzinger, *Organometallics* **2002**, *21*, 473; c) M.-C. Chen, T. J. Marks, *J. Am. Chem. Soc.* **2001**, *123*, 11803; d) G. Lanza, I. L. Fragalà, T. J. Marks, *J. Am. Chem. Soc.* **2000**, *122*, 12764; e) G. Lanza, I. L. Fragalà, T. J. Marks, *J. Am. Chem. Soc.* **1998**, *120*, 8257.
[119] T. Arliguie, L. Belkhiri, S.-E. Bouaoud, P. Thuéry, C. Villiers, A. Boucekkine, M. Ephritikhine, *Inorg. Chem.* **2009**, *48*, 221.
[120] D. Deng, X. Zheng, C. Qian, J. Sun, A. Dormond, D. Baudry, M. Visseaux, *J. Chem. Soc. Dalton Trans.* **1994**, 1665.
[121] A. J. Amoroso, J. C. Jeffery, P. L. Jones, J. A. McCleverty, L. Rees, A. L. Rheingold, V. Sun, J. Takats, S. Trofimenko, M. D. Ward, G. P. A. Vap, *J. Chem. Soc., Chem. Commun.* **1995**, 1881.
[122] G. A. Molander, R. M. Rzasa, *J. Org. Chem.* **2000**, *65*, 1215.
[123] W. J. Evans, T. A. Ulibarri, L. R. Chamberlain, J. W. Ziller, D. Alvarez, Jr., *Organometallics* **1990**, *9*, 2124.
[124] R. F. Jordan, D. F. Taylor, *J. Am. Chem. Soc.* **1989**, *111*, 778.
[125] W. J. Evans, I. Bloom, J. W. Grate, L. A. Hughes, W. E. Hunter, J. L. Atwood, *Inorg. Chem.* **1985**, *24*, 4620.
[126] S. Kaita, M. Yamanaka, A. C. Horiuchi, Y. Wakatsuki, *Macromolecules* **2006**, *39*, 1359.
[127] D. C. Bradley, J. S. Ghotra, F. A. Hart, *J. Chem. Soc., Dalton Trans.* **1973**, 1021.
[128] M. Hesse, H. Meier, B. Zeeh in *Spektroskopische Methoden der organischen Chemie* (Eds. M. Hesse, H. Meier, B. Zeeh) Georg Thieme Verlag Stuttgart, **1991**, a) S. 104.
[129] H. Günzler, H.-U. Gremlich in *IR-Spektroskopie*, vierte Auflage (Eds. H. Günzler, H.-U. Gremlich) Wiley-VCH Verlag GmbH Co. KGaA Weinheim **2003**, a) S. 165ff, b) S. 234, c) S.180ff, d) S. 222; e) S. 224, f) S. 229.
[130] D. Doyle, Y. K. Gun'ko, P. B. Hitchcock, M. F. Lappert, *J. Chem. Soc., Dalton Trans.* **2000**, 4093.
[131] J. Paeivaesaari, C. L. Dezelah IV., D. Back, H. M. El-Kaderi, M. J. Heeg, M. Putkonen, L. Niinistoe, C. H. Winter, *J. Mat. Chem.* **2005**, *15*, 4224.
[132] L. Brandsma, H. Hommes, H. D. Verkruijsse, A. J. Kos, W. Neugebauer, W. Baumgärtner, P. von R. Schleyer, *Rec. Trav. Chim. Pays-Bas* **1988**, *107*, 286.
[133] Y. Luo, Y. Yao, Q. Shen, J. Sun, L. Weng, *J. Organomet. Chem.* **2002**, *662*, 144.
[134] A. Xia, H. M. El-Kaderi, M. Jane Heeg, C. H Winter, *J. Organomet. Chem.* **2003**, *682*, 224.
[135] M. D. Rausch, K. J. Moriarty, J. L. Atwood, J. A. Weeks, W. E. Hunter *Organometallics* **1986**, *5*, 1281.

[136] Y. Luo, P. Selvam, Y. Ito, A. Endou, M. Kubo, A. Miyamoto *J. Organomet. Chem.* **2003**, *679*, 84.
[137] A. G. Avent, C. F. Caro, P. B. Hitchcock, M. F. Lappert, Z. Li, X.-H. Wei *Dalton Trans.* **2004**, 1567.
[138] Y. K. Gun'ko, P. B. Hitchcock and M. F. Lappert, *Organometallics* **2000**, *19*, 2832.
[139] a) R. A. Zarkesh, J. W. Ziller, A. F. Heyduk *Angew. Chem.* **2008**, *47*, 4712; b) B. Lungwitz, A. C. Filippou, *J. Organomet. Chem.* **1995**, *498*, 91; c) A. C. Filippou, B. Lungwitz, G. Kociok-Köhn, *Eur. J. Inorg. Chem.* **1999**, 1905; d) A. C. Filippou, J. G. Winter, G. Kociok-Köhn, C. Troll, I. Hinz, *Organometallics* **1999**, *18*, 2649; e) M. Bastian, D. Morales, R. Poli, P. Richard, H. Sitzmann, *J. Organomet. Chem.* **2002**, *654*, 109; f) P. A. Cotton, D. J. Maloney, J. Su, *Inorg. Chim. Acta* **1995**, *236*, 21; g) A. M. Martins, R. Branquinho, J. Cui, A. R. Dias, M. T. Duarte, J. Fernandes, S. S. Rodrigues, *J. Organomet. Chem.* **2004**, *689*, 2368; h) S. R. Whitfield, M. S. Sanford, *J. Am. Chem. Soc.* **2007**, *129*, 15142; i) S. R. Whitfield, M. S. Sanford, *Organometallics* **2008**, *27*, 1683; j) P. L. Arnold, M. S. Sanford, S. M. Pearson, *J. Am. Chem. Soc.* **2009**, *131*, 13912; k) J.Vicente, A. Arcas, J.M. Fernández-Hernández, *Organometallics* **2006**, *25*, 4404; l) J. Mamtora, S. H. Crosby, C. P. Newman, G. J. Clarkson, J. P. Rourke, *Organometallics* **2008**, *27*, 5559; m) J.Vicente, A. Arcas, M.-D. Gálvez-López, *Organometallics* **2009**, *28*, 3501; n) N. Meyer, C. W. Lehmann, T. K.-M. Lee, J. Rust, V. W.-W. Yam, F. Mohr, *Organometallics* **2009**, *28*, 2931; o) S. Gaillard, A. M. Z. Slawin, A. T. Bonura, E. D. Stevens, S. P. Nolan, *Organometallics* **2010**, *29*, 394.
[140] P. Kaźmierczak, L. Skulski, N. Obeid, *J. Chem. Res. (S)* **1999**, 64.
[141] R. D. Shannon, *Acta Crystallogr.* **1976**, *A32*, 751.
[142] J. Baldamus, C. Berghof, M. L. Cole, E. Hey-Hawkins, P.C. Junk, L.M. Louis, *Eur. J. Chem. Soc.* **2002**, 2878.
[143] Z. Xie, S. Wang, Z.-Y. Zhou, T. C. W. Mak, *Organometallics* **1999**, *18*, 1641.
[144] V. H. Gessner, C. Strohmann, *J. Am. Chem. Soc.* **2008**, *130*, 14412.
[145] W.-P. Leung, W.-H. Kwok, Z.-Y. Zhou, T. C. W. Mak, *Organometallics* **2003**, *22*, 1751.
[146] J. T. B. H. Jastrzebskl, P.A. van der Schaaf, J. Boersma, G. van Koten, M. C. Zoutberg, D. Heijdenrijk, *Organometallics* **1989**, *8*, 1373.
[147] J.-D. Lee, S.-J. Kim, D. Yoo, J. Ko, S. Cho, S. O. Kang, *Organometallics* **2000**, *19*, 1695.
[148] T. Lee, S. W. Lee, H. G. Jang, S. O. Kang, J. Ko, *Organometallics* **2001**, *20*, 741.
[149] A. R. Hermes, R. J. Morris, G. S. Girolami, *Organometallics* **1988**, *7*, 2372.
[150] S. Hao, J.-I. Song, P. Berno, S. Gambarotta, *Organometallics* **1994**, *14*, 5193.
[151] J. J. H. Edema, S. Gambarotta, F. v. Bolhuis, W. J. J. Smeets, A. L. Spek, M. Y. Chiang, *J. Organomet. Chem.* **1990**, *389*, 47.
[152] J. Zhang, A. Li, T. S. A. Hor, *Organometallics* **2009**, *28*, 2935.
[153] M. D. Fryzuk; D. B. Leznoff, S. J. Rettig, R. C. Thompson, *Inorg. Chem.* **1994**, *33*, 5528.
[154] A. R. Hermes, G. S. Girolami, *Inorg. Chem.* **1988**, *27*, 1775.
[155] C. Ni, G. J. Long, F. Grandjean, P. P. Power, *Inorg. Chem.* **2009**, *48*, 11594.
[156] N. K. Dutt, K. Nag, *J. Inorg. Nucl. Chem.*, **1968**, *30*, 2493.
[157] IR (KBr cm^{-1}): v_{max} 3436 (m), 2956 (st, v_s CH$_3$), 2906 (m, v_s CH$_2$), 2867 (m, v_{as} CH$_3$), 1618 (vs, C=N), 1551 (m, C=C Ring), 1434 (m), 1272 (st), 1253 (vs), 836 (st, CH Ring), 746 (m), 528 (m).
[158] M. Kanesato, T. Yokoyama, O. Itabashi, T.M. Suzuki, M. Shiro, *Bull. Chem. Soc. Jpn.* **1996**, *69*, 1297.

[159] a) L. Xing-Fu, S. Eggers, J. Kopf, W. Jahn, R. D. Fischer, C. Apostolidis, B. Kanellakopulos, F. Benetollo, A. Polo, G. Bombieri, *Inorg. Chim. Acta* **1985**, *100*, 183; b) M. R. Spirlet, J. Rebizant, C. Apostolidis, B. Kanellakopulos, *Inorg. Chim. Acta* **1987**, *139*, 211.

[160] a) G. M. Sheldrick, SHELXL-97 Program for Crystal Structure Refinement. Universität Göttingen, Germany, **1997**; b) G. M. Sheldrick, SHELXS-97 Program for Crystal Structure Solution. Universität Göttingen, Germany, **1997**.

8. Tabellenanhang

Tabelle 3: Strukturdaten von [p-MeOC$_6$H$_4$C(NSiMe$_3$)$_2$]$_3$Ce(NCC$_6$H$_4$OMe-p) **1**

Identification code	ip2_408a
Empirical formula	C$_{50}$H$_{82}$CeN$_7$O$_4$Si$_6$
Formula weight	1153.89
Temperature	173(2) K
Wavelength	0.71073 Å
Crystal system	Triclinic
Space group	P-1
Unit cell dimensions	a = 11.454(2) Å α = 72.92(3)°
	b = 18.611(4) Å β = 82.32(3)°
	c = 18.750(4) Å γ = 87.28(3)°
Volume	3786.4(13) Å^3
Z	2
Density (calculated)	1.012 Mg/m^3
Absorption coefficient	0.732 mm^{-1}
F(000)	1210
Crystal size	0.50 x 0.40 x 0.40 mm^3
Theta range for data collection	2.00 to 29.30°
Index ranges	-15<=h<=15, -25<=k<=25, -25<=l<=25
Reflections collected	47158
Independent reflections	20403 [R(int) = 0.0442]
Completeness to theta = 29.30°	98.5 %
Absorption correction	None
Refinement method	Full-matrix least-squares on F^2
Data / restraints / parameters	20403 / 102 / 681
Goodness-of-fit on F^2	0.874
Final R indices [I>2sigma(I)]	R1 = 0.0374, wR2 = 0.0786
R indices (all data)	R1 = 0.0591, wR2 = 0.0845
Largest diff. peak and hole	0.641 and -1.509 e.Å^{-3}

Tabelle 4: Ausgewählte Bindungsabstände (Å) und –winkel (°) von
[p-MeOC$_6$H$_4$C(NSiMe$_3$)$_2$]$_3$Ce(NCC$_6$H$_4$OMe-p) **1**

Ce-N(1)	2.594(2)	N(1)-C(1)	1.335(3)
Ce-N(2)	2.5026(19)	N(2)-C(1)	1.328(3)
Ce-N(3)	2.493(2)	N(3)-C(15)	1.342(3)
Ce-N(4)	2.5816(19)	N(4)-C(15)	1.313(3)
Ce-N(5)	2.560(2)	N(5)-C(29)	1.326(3)
Ce-N(6)	2.499(2)	N(6)-C(29)	1.333(3)
Ce-N(7)	2.714(2)		
N(2)-Ce-N(1)	53.56(7)	N(2)-C(1)-N(1)	119.3(2)
N(3)-Ce-N(4)	53.64(6)	N(4)-C(15)-N(3)	119.32(19)
N(6)-Ce-N(5)	53.77(7)	N(5)-C(29)-N(6)	118.8(2)

Tabelle 5: Strukturdaten von [PhC(N^{i}Pr)$_2$]$_3$Ce **2**

Identification code	ip29a	
Empirical formula	C$_{39}$H$_{57}$CeN$_6$	
Formula weight	750.03	
Temperature	133(2) K	
Wavelength	0.71073 Å	
Crystal system	Monoclinic	
Space group	C2/c	
Unit cell dimensions	a = 14.1225(4) Å	α = 90°
	b = 18.5957(6) Å	β = 98.324(2)°
	c = 15.6544(4) Å	γ = 90°
Volume	4067.8(2) Å^3	
Z	4	
Density (calculated)	1.225 Mg/m^3	
Absorption coefficient	1.151 mm^{-1}	
F(000)	1564	
Crystal size	0.30 x 0.20 x 0.10 mm^3	
Theta range for data collection	2.12 to 29.22°	
Index ranges	-19<=h<=19, -25<=k<=25, -21<=l<=20	
Reflections collected	32963	
Independent reflections	5485 [R(int) = 0.0480]	
Completeness to theta = 29.22°	99.1 %	
Absorption correction	None	
Refinement method	Full-matrix least-squares on F^2	
Data / restraints / parameters	5485 / 0 / 216	
Goodness-of-fit on F^2	1.107	
Final R indices [I>2sigma(I)]	R1 = 0.0272, wR2 = 0.0625	
R indices (all data)	R1 = 0.0309, wR2 = 0.0638	
Largest diff. peak and hole	0.685 and -1.000 e.Å^{-3}	

Tabelle 6: Ausgewählte Bindungsabstände (Å) und –winkel (°) von [PhC(N^{i}Pr)$_2$]$_3$Ce **2**

Ce-N(1)	2.4817(18)	N(1)-C(1)	1.328(2)
Ce-N(1A)	2.4817(18)	N(2)-C(1)	1.319(2)
Ce-N(2)	2.4855(15)	N(1A)-C(1A)	1.328(2)
Ce-N(2A)	2.4855(15)	N(2A)-C(1A)	1.319(2)
Ce-N(3)	2.4926(16)	N(3)-C(14)	1.326(2)
Ce-N(3A)	2.4926(16)	N(3A)-C(14)	1.326(2)
N(1)-Ce-N(2)	53.95(5)	N(1)-C(1)-N(2)	116.75(17)
N(1A)-Ce-N(2A)	53.95(5)	N(1A)-C(1)-N(2A)	116.75(17)
N(3)-Ce-N(3A)	54.11(7)	N(3)-C(14)-N(3A)	117.5(2)

Tabelle 7: Strukturdaten von [PhC≡CC(N^{i}Pr)$_2$]$_3$Ce **4**

Identification code	ip83
Empirical formula	C$_{45}$H$_{57}$CeN$_6$
Formula weight	822.09
Temperature	133(2) K
Wavelength	0.71073 Å
Crystal system	Hexagonal
Space group	P3c1
Unit cell dimensions	a = 16.074(2) Å α = 90°
	b = 16.074(2) Å β = 90°
	c = 19.577(4) Å γ = 120°
Volume	4380.3(12) Å^3
Z	4
Density (calculated)	1.247 Mg/m^3
Absorption coefficient	1.075 mm^{-1}
F(000)	1708
Crystal size	0.60 x 0.17 x 0.15 mm^3
Theta range for data collection	2.53 to 28.28°
Index ranges	-19<=h<=16, -21<=k<=21, -20<=l<=26
Reflections collected	11715
Independent reflections	6246 [R(int) = 0.0623]
Completeness to theta = 28.28°	99.8 %
Absorption correction	None
Max. and min. transmission	0.8554 and 0.5648
Refinement method	Full-matrix least-squares on F^2
Data / restraints / parameters	6246 / 1 / 321
Goodness-of-fit on F^2	1.029
Final R indices [I>2sigma(I)]	R1 = 0.0463, wR2 = 0.0941
R indices (all data)	R1 = 0.0763, wR2 = 0.1047
Absolute structure parameter	0.03(3)
Largest diff. peak and hole	0.724 and -1.032 e.Å^{-3}

Tabelle 8: Ausgewählte Bindungsabstände (Å) und –winkel (°) von [PhC≡CC(N^{i}Pr)$_2$]$_3$Ce **4**

Ce-N(1)	2.499(6)	Ce(2)-N(3)	2.487(5)
Ce-N(2)	2.487(5)	Ce(2)-N(4)	2.500(5)
N(1)-C(1)	1.332(8)	N(3)-C(21)	1.343(8)
N(2)-C(1)	1.341(8)	N(4)-C(21)	1.317(7)
N(1)-Ce-N(2)	54.16(15)	N(3)-Ce(2)-N(4)	54.31(17)
N(1)-C(1)-N(2)	116.8(5)	N(4)-C(21)-N(3)	117.6(5)

Tabelle 9: Strukturdaten von [$^tBuC(N^iPr)_2$]$_3$Ce·C$_7$H$_8$ **5**·C$_7$H$_8$

Identification code	ip97
Empirical formula	C$_{33}$H$_{69}$CeN$_6$·C$_7$H$_8$
Formula weight	782.21
Temperature	133(2) K
Wavelength	0.71073 Å
Crystal system	Monoclinic
Space group	P2$_1$/n
Unit cell dimensions	a = 19.702(4) Å α = 90°
	b = 11.791(2) Å β = 99.00(3)°
	c = 17.633(4) Å γ = 90°
Volume	4045.9(14) Å^3
Z	4
Density (calculated)	1.133 Mg/m^3
Absorption coefficient	1.151 mm^{-1}
F(000)	1468
Crystal size	0.36 x 0.22 x 0.16 mm^3
Theta range for data collection	2.25 to 29.23°
Index ranges	-26<=h<=26, 0<=k<=16, 0<=l<=24
Reflections collected	10868
Independent reflections	10868 [R(int) = 0.0000]
Completeness to theta = 29.23°	98.8 %
Absorption correction	None
Refinement method	Full-matrix least-squares on F^2
Data / restraints / parameters	10868 / 0 / 382
Goodness-of-fit on F^2	1.129
Final R indices [I>2sigma(I)]	R1 = 0.0256, wR2 = 0.0603
R indices (all data)	R1 = 0.0284, wR2 = 0.0613
Largest diff. peak and hole	0.535 and -1.176 e.Å^{-3}

Tabelle 10: Ausgewählte Bindungsabstände (Å) und –winkel (°) von [$^tBuC(N^iPr)_2$]$_3$·C$_7$H$_8$ **5**·C$_7$H$_8$

Ce-N(1)	2.5495(16)	N(1)-C(1)	1.331(2)
Ce-N(2)	2.4976(14)	N(2)-C(1)	1.332(2)
Ce-N(3)	2.4742(15)	N(3)-C(12)	1.335(2)
Ce-N(4)	2.5348(15)	N(4)-C(12)	1.338(2)
Ce-N(5)	2.5055(15)	N(5)-C(23)	1.340(2)
Ce-N(6)	2.4688(15)	N(6)-C(23)	1.338(2)
N(1)-Ce-N(2)	51.81(4)	N(1)-C(1)-N(2)	111.81(14)
N(3)-Ce-N(4)	52.38(4)	N(3)-C(12)-N(4)	111.61(14)
N(5)-Ce-N(6)	52.72(4)	N(6)-C(23)-N(5)	111.16(14)

Tabelle 11: Strukturdaten von [^{t}BuC(N^{i}Pr)$_2$]$_3$Eu **6**

Identification code	ip132
Empirical formula	$C_{33}H_{67}EuN_6$
Formula weight	699.89
Temperature	173(2) K
Wavelength	0.71073 Å
Crystal system	Monoclinic
Space group	C2/c
Unit cell dimensions	a = 38.969(8) Å, α = 90°
	b = 16.311(3) Å, β = 113.99(3)°
	c = 38.781(8) Å, γ = 90°
Volume	22520(8) Å^3
Z	8
Density (calculated)	1.239 Mg/m^3
Absorption coefficient	1.699 mm^{-1}
F(000)	8880
Crystal size	0.31 x 0.28 x 0.27 mm^3
Theta range for data collection	1.92 to 28.28°
Index ranges	-51<=h<=51, -21<=k<=21, -51<=l<=42
Reflections collected	108221
Independent reflections	27947 [R(int) = 0.0932]
Completeness to theta = 28.28°	99.9 %
Absorption correction	None
Refinement method	Full-matrix least-squares on F^2
Data / restraints / parameters	27947 / 49 / 1109
Goodness-of-fit on F^2	1.037
Final R indices [I>2sigma(I)]	R1 = 0.0590, wR2 = 0.0986
R indices (all data)	R1 = 0.1009, wR2 = 0.1102
Largest diff. peak and hole	0.649 and -1.487 e.Å^{-3}

Tabelle 12: Ausgewählte Bindungsabstände (Å) und –winkel (°) von [^{t}BuC(N^{i}Pr)$_2$]$_3$Eu **6**

Eu(1)-N(1)	2.421(4)	N(1)-C(1)	1.339(6)
Eu(1)-N(2)	2.426(4)	N(2)-C(1)	1.333(6)
Eu(1)-N(3)	2.421(4)	N(3)-C(12)	1.330(6)
Eu(1)-N(4)	2.411(4)	N(4)-C(12)	1.349(6)
Eu(1)-N(5)	2.457(4)	N(5)-C(23)	1.317(7)
Eu(1)-N(6)	2.402(4)	N(6)-C(23)	1.347(6)
Eu(2)-N(1A)	2.424(4)	N(1A)-C(1A)	1.339(6)
Eu(2)-N(2A)	2.444(4)	N(2A)-C(1A)	1.333(6)
Eu(2)-N(3A)	2.422(4)	N(3A)-C(12A)	1.352(7)
Eu(2)-N(4A)	2.433(4)	N(4A)-C(12A)	1.343(7)
Eu(2)-N(5A)	2.432(4)	N(5A)-C(23A)	1.332(6)
Eu(2)-N(6A)	2.433(4)	N(6A)-C(23A)	1.344(7)
Eu(3)-N(1B)	2.424(4)	N(1B)-C(1B)	1.345(6)
Eu(3)-N(2B)	2.428(4)	N(2B)-C(1B)	1.346(6)
Eu(3)-N(3B)	2.410(4)	N(3B)-C(12B)	1.346(6)
Eu(3)-N(4B)	2.442(4)	N(4B)-C(12B)	1.328(6)
Eu(3)-N(5B)	2.410(4)	N(5B)-C(23B)	1.344(6)
Eu(3)-N(6B)	2.442(4)	N(6B)-C(23B)	1.346(6)
N(1)-Eu(1)-N(2)	54.12(13)	N(1)-C(1)-N(2)	111.3(4)
N(3)-Eu(1)-N(4)	54.34(13)	N(3)-C(12)-N(4)	110.9(4)
N(5)-Eu(1)-N(6)	53.93(14)	N(5)-C(23)-N(6)	111.6(4)
N(1A)-Eu(2)-N(2A)	54.15(14)	N(1A)-C(1A)-N(2A)	112.0(4)
N(3A)-Eu(2)-N(4A)	54.40(15)	N(3A)-C(12A)-N(4A)	110.9(4)
N(5A)-Eu(2)-N(6A)	53.96(14)	N(5A)-C(23A)-N(6A)	111.1(4)
N(1B)-Eu(3)-N(2B)	54.34(13)	N(1B)-C(1B)-N(2B)	110.9(4)
N(3B)-Eu(3)-N(4B)	54.28(13)	N(3B)-C(12B)-N(4B)	111.8(4)
N(5B)-Eu(3)-N(6B)	54.56(13)	N(5B)-C(23B)-N(6B)	111.6(4)

Tabelle 13: Strukturdaten von $[^tBuC(N^iPr)_2]_3Tb \cdot C_5H_{12} \cdot 7\,C_5H_{12}$

Identification code	ip134	
Empirical formula	$C_{33}H_{69}N_6Tb \cdot C_5H_{12}$	
Formula weight	781.01	
Temperature	153(2) K	
Wavelength	0.71073 Å	
Crystal system	Monoclinic	
Space group	C2/c	
Unit cell dimensions	a = 37.162(7) Å	$\alpha = 90°$
	b = 11.589(2) Å	$\beta = 117.84(3)°$
	c = 21.193(4) Å	$\gamma = 90°$
Volume	8071(3) Å^3	
Z	8	
Density (calculated)	1.167 Mg/m^3	
Absorption coefficient	1.778 mm^{-1}	
F(000)	2992	
Crystal size	0.37 x 0.30 x 0.27 mm^3	
Theta range for data collection	1.93 to 29.27°	
Index ranges	-51<=h<=44, 0<=k<=15, 0<=l<=28	
Reflections collected	10769	
Independent reflections	10769 [R(int) = 0.0000]	
Completeness to theta = 29.00°	99.4 %	
Absorption correction	None	
Refinement method	Full-matrix least-squares on F^2	
Data / restraints / parameters	10769 / 33 / 383	
Goodness-of-fit on F^2	1.044	
Final R indices [I>2sigma(I)]	R1 = 0.0466, wR2 = 0.0868	
R indices (all data)	R1 = 0.0715, wR2 = 0.0925	
Largest diff. peak and hole	1.122 and -2.484 e.Å^{-3}	

Tabelle 14: Ausgewählte Bindungsabstände (Å) und –winkel (°) von $[^tBuC(N^iPr)_2]_3Tb \cdot C_5H_{12} \cdot 7\,C_5H_{12}$

Tb-N(1)	2.409(3)	N(1)-C(1)	1.338(5)
Tb-N(2)	2.403(3)	N(2)-C(1)	1.346(5
Tb-N(3)	2.391(3)	N(3)-C(12)	1.331(5)
Tb-N(4)	2.403(3)	N(4)-C(12)	1.339(5)
Tb-N(5)	2.393(3)	N(5)-C(23)	1.339(5)
Tb-N(6)	2.391(3)	N(6)-C(23)	1.328(5)
N(1)-Tb-N(2)	54.99(11)	N(1)-C(1)-N(2)	111.7(3)
N(3)-Tb-N(4)	54.90(10)	N(3)-C(12)-N(4)	111.7(3)
N(5)-Tb-N(6)	54.90(11)	N(6)-C(23)-N(5)	111.6(3)

Tabelle 15: Strukturdaten von [^{t}BuC(NDipp)$_2$]$_2$CeCl **8**

Identification code	ip63a
Empirical formula	$C_{58}H_{86}CeClN_4$
Formula weight	1014.88
Temperature	133(2) K
Wavelength	0.71073 Å
Crystal system	Monoclinic
Space group	C2/c
Unit cell dimensions	a = 24.2724(8) Å α = 90°
	b = 10.6507(3) Å β = 111.704(2)°
	c = 22.4285(7) Å γ = 90°
Volume	5387.1(3) Å^3
Z	4
Density (calculated)	1.251 Mg/m^3
Absorption coefficient	0.934 mm^{-1}
F(000)	2148
Crystal size	0.46 x 0.38 x 0.22 mm^3
Theta range for data collection	2.19 to 29.21°
Index ranges	-33<=h<=33, -14<=k<=14, -30<=l<=30
Reflections collected	32199
Independent reflections	7258 [R(int) = 0.0653]
Completeness to theta = 29.21°	99.4 %
Absorption correction	None
Refinement method	Full-matrix least-squares on F^2
Data / restraints / parameters	7258 / 0 / 301
Goodness-of-fit on F^2	1.203
Final R indices [I>2sigma(I)]	R1 = 0.0464, wR2 = 0.0756
R indices (all data)	R1 = 0.0568, wR2 = 0.0779
Largest diff. peak and hole	0.989 and -2.858 e.Å^{-3}

Tabelle 16: Ausgewählte Bindungsabstände (Å) und –winkel (°) von [^{t}BuC(NDipp)$_2$]$_2$CeCl **8**

Ce-N(1)	2.5116(19)	N(1)-C(1)	1.330(3)
Ce-N(2)	2.437(2)	N(2)-C(1)	1.355(3)
Ce-Cl	2.6470(10)		
N(1)-Ce-N(2)	53.27(7)	N(1)-C(1)-N(2)	111.5(2)

Tabelle 17: Strukturdaten von [(Me$_3$Si)$_2$N]$_3$CeCl(NCC$_6$H$_4$OMe-p) **9**

Identification code	ip15a
Empirical formula	C$_{26}$H$_{61}$CeClN$_4$OSi$_6$
Formula weight	789.90
Temperature	143(2) K
Wavelength	0.71073 Å
Crystal system	Monoclinic
Space group	P2$_1$/n
Unit cell dimensions	a = 11.861(2) Å α = 90°
	b = 19.126(4) Å β = 94.46(3)°
	c = 18.467(4) Å γ = 90°
Volume	4176.8(15) Å^3
Z	4
Density (calculated)	1.256 Mg/m^3
Absorption coefficient	1.349 mm^{-1}
F(000)	1648
Crystal size	0.50 x 0.40 x 0.10 mm^3
Theta range for data collection	2.02 to 30.51°
Index ranges	-16<=h<=16, -27<=k<=27, -26<=l<=26
Reflections collected	88569
Independent reflections	12743 [R(int) = 0.0900]
Completeness to theta = 30.51°	99.9 %
Absorption correction	None
Refinement method	Full-matrix least-squares on F^2
Data / restraints / parameters	12743 / 0 / 371
Goodness-of-fit on F^2	1.131
Final R indices [I>2sigma(I)]	R1 = 0.0319, wR2 = 0.0722
R indices (all data)	R1 = 0.0381, wR2 = 0.0744
Largest diff. peak and hole	1.129 and -1.245 e.Å^{-3}

Tabelle 18: Ausgewählte Bindungsabstände (Å) und –winkel (°) von
  [(Me$_3$Si)$_2$N]$_3$CeCl(NCC$_6$H$_4$OMe-p) **9**

Ce-N(1)	2.2226(15)	N(1)-Ce-N(2)	119.16(6)
Ce-N(2)	2.2165(16)	N(1)-Ce-N(3)	119.57(6)
Ce-N(3)	2.2204(17)	N(2)-Ce-N(3)	118.65(7)
Ce-N(4)	2.6250(19)	N(1)-Ce-N(4)	84.72(6)
Ce-Cl	2.6447(7)	N(2)-Ce-N(4)	84.93(6)
		N(3)-Ce-N(4)	84.16(7)
		N(1)-Ce-Cl	94.85(5)
		N(2)-Ce-Cl	95.33(5)
		N(3)-Ce-Cl	96.00(5)
		N(4)-Ce-Cl	179.57(4)

Tabellenanhang

Tabelle 19: Strukturdaten von [p-MeOC$_6$H$_4$C(NSiMe$_3$)$_2$]$_3$CeCl **10**

Identification code	ip2_228a	
Empirical formula	C$_{42}$H$_{75}$CeClN$_6$O$_3$Si$_6$	
Formula weight	1056.19	
Temperature	180(2) K	
Wavelength	0.71073 Å	
Crystal system	Triclinic	
Space group	P-1	
Unit cell dimensions	a = 11.153(2) Å	α = 98.76(3)°
	b = 12.925(3) Å	β = 90.93(3)°
	c = 19.583(4) Å	γ = 104.79(3)°
Volume	2693.1(9) Å^3	
Z	2	
Density (calculated)	1.302 Mg/m^3	
Absorption coefficient	1.068 mm^{-1}	
F(000)	1104	
Crystal size	0.50 x 0.50 x 0.10 mm^3	
Theta range for data collection	2.10 to 29.22°	
Index ranges	-15<=h<=15, -17<=k<=17, 0<=l<=26	
Reflections collected	14472	
Independent reflections	14472 [R(int) = 0.0000]	
Completeness to theta = 29.22°	98.9 %	
Absorption correction	None	
Refinement method	Full-matrix least-squares on F^2	
Data / restraints / parameters	14472 / 0 / 532	
Goodness-of-fit on F^2	0.906	
Final R indices [I>2sigma(I)]	R1 = 0.0299, wR2 = 0.0688	
R indices (all data)	R1 = 0.0397, wR2 = 0.0704	
Largest diff. peak and hole	1.603 and -1.365 e.Å^{-3}	

Tabelle 20: Ausgewählte Bindungsabstände (Å) und –winkel (°) von [p-MeOC$_6$H$_4$C(NSiMe$_3$)$_2$]$_3$CeCl **10**

Ce-N(1)	2.3583(19)	C(1)-N(1)	1.327(3)
Ce-N(2)	2.5019(19)	C(1)-N(2)	1.329(3)
Ce-N(3)	2.4140(19)	C(15)-N(3)	1.329(3)
Ce-N(4)	2.4258(19)	C(15)-N(4)	1.332(3)
Ce-N(5)	2.407(2)	C(29)-N(5)	1.332(3)
Ce-N(6)	2.4833(19)	C(29)-N(6)	1.327(3)
Ce-Cl	2.6550(11)		
N(1)-Ce-N(2)	55.72(7)	N(1)-C(1)-N(2)	117.8(2)
N(3)-Ce-N(4)	55.83(7)	N(3)-C(15)-N(4)	116.75(18)
N(5)-Ce-N(6)	55.47(6)	N(6)-C(29)-N(5)	117.8(2)

Tabelle 21: Strukturdaten von [$(B_{10}H_{10}C_2)C(N^iPr)(NH^iPr)$]Li(DME) **12**

Identification code	ip142
Empirical formula	$C_{13}H_{35}B_{10}LiN_2O_2$
Formula weight	366.47
Temperature	133(2) K
Wavelength	0.71073 Å
Crystal system	Triclinic
Space group	P-1
Unit cell dimensions	a = 8.3125(17) Å α= 84.90(3)°
	b = 8.8541(18) Å β= 86.31(3)°
	c = 15.564(3) Å γ = 81.66(3)°
Volume	1127.4(4) $Å^3$
Z	2
Density (calculated)	1.080 Mg/m^3
Absorption coefficient	0.061 mm^{-1}
F(000)	392
Crystal size	0.45 x 0.38 x 0.30 mm^3
Theta range for data collection	2.33 to 28.28°
Index ranges	-11<=h<=11, -11<=k<=11, -20<=l<=18
Reflections collected	11975
Independent reflections	5554 [R(int) = 0.0394]
Completeness to theta = 28.00°	99.5 %
Absorption correction	None
Refinement method	Full-matrix least-squares on F^2
Data / restraints / parameters	5554 / 0 / 263
Goodness-of-fit on F^2	1.043
Final R indices [I>2sigma(I)]	R1 = 0.0450, wR2 = 0.1012
R indices (all data)	R1 = 0.0615, wR2 = 0.1084
Largest diff. peak and hole	0.285 and -0.216 $e.Å^{-3}$

Tabelle 22: Ausgewählte Bindungsabstände (Å) und –winkel (°) von [$(B_{10}H_{10}C_2)C(N^iPr)(NH^iPr)$]Li(DME) **12**

Li-O(1)	1.987(2)	C(1)-C(2)	1.6751(15)
Li-O(2)	1.993(2)	C(1)-C(3)	1.5282(16)
Li-N(1)	2.017(2)	N(1)-C(3)	1.2823(15)
Li-C(2)	2.088(2)	N(2)-C(3)	1.3620(15)
N(1)-Li-C(2)	87.81(9)	N(1)-C(3)-N(2)	130.74(11)
		N(1)-C(3)-C(1)	116.82(10)
		N(2)-C(3)-C(1)	112.40(9)

Tabelle 23: Strukturdaten von [(C$_2$B$_{10}$H$_{11}$)C(N^{i}Pr)(NH^{i}Pr)] **13**

Identification code	ip84	
Empirical formula	C$_9$H$_{26}$B$_{10}$N$_2$	
Formula weight	270.42	
Temperature	133(2) K	
Wavelength	0.71073 Å	
Crystal system	Monoclinic	
Space group	P2$_1$/c	
Unit cell dimensions	a = 6.9667(14) Å	α = 90°
	b = 15.763(3) Å	β = 99.95(3)°
	c = 15.394(3) Å	γ = 90°
Volume	1665.1(6) Å^3	
Z	4	
Density (calculated)	1.079 Mg/m^3	
Absorption coefficient	0.054 mm^{-1}	
F(000)	576	
Crystal size	0.70 x 0.40 x 0.18 mm^3	
Theta range for data collection	2.58 to 26.37°	
Index ranges	-7<=h<=8, -19<=k<=19, -19<=l<=19	
Reflections collected	14751	
Independent reflections	3406 [R(int) = 0.1026]	
Completeness to theta = 26.00°	99.9 %	
Absorption correction	None	
Refinement method	Full-matrix least-squares on F^2	
Data / restraints / parameters	3406 / 0 / 242	
Goodness-of-fit on F^2	1.184	
Final R indices [I>2sigma(I)]	R1 = 0.0729, wR2 = 0.1315	
R indices (all data)	R1 = 0.1007, wR2 = 0.1400	
Largest diff. peak and hole	0.222 and -0.211 e.Å^{-3}	

Tabelle 24: Ausgewählte Bindungsabstände (Å) und –winkel (°) von [(C$_2$B$_{10}$H$_{11}$)C(N^{i}Pr)(NH^{i}Pr)] **13**

C(1)-C(3)	1.529(3)	N(1)-C(3)	1.274(3)
C(1)-C(2)	1.637(3)	N(2)-C(3)	1.365(3)
N(1)-C(3)-N(2)	132.7(2)		
N(1)-C(3)-C(1)	114.27(18)		
N(2)-C(3)-C(1)	113.08(17)		

Tabelle 25: Strukturdaten von [(C$_2$B$_{10}$H$_{11}$)C(N^{i}Pr)(NH^{i}Pr)]$_2$Sn **14**

Identification code	ip111
Empirical formula	C$_{18}$H$_{48}$B$_{20}$N$_4$Sn
Formula weight	655.49
Temperature	133(2) K
Wavelength	0.71073 Å
Crystal system	Monoclinic
Space group	C2/c
Unit cell dimensions	a = 22.790(5) Å α = 90°
	b = 7.8311(16) Å β = 101.30(3)°
	c = 19.215(4) Å γ = 90°
Volume	3362.8(12) Å^3
Z	4
Density (calculated)	1.295 Mg/m^3
Absorption coefficient	0.780 mm^{-1}
F(000)	1336
Crystal size	0.27 x 0.24 x 0.20 mm^3
Theta range for data collection	2.54 to 28.28°
Index ranges	-30<=h<=25, -10<=k<=9, -25<=l<=25
Reflections collected	10800
Independent reflections	4134 [R(int) = 0.0535]
Completeness to theta = 28.00°	98.9 %
Absorption correction	None
Refinement method	Full-matrix least-squares on F^2
Data / restraints / parameters	4134 / 0 / 203
Goodness-of-fit on F^2	1.085
Final R indices [I>2sigma(I)]	R1 = 0.0386, wR2 = 0.0780
R indices (all data)	R1 = 0.0493, wR2 = 0.0806
Largest diff. peak and hole	0.927 and -1.525 e.Å^{-3}

Tabelle 26: Ausgewählte Bindungsabstände (Å) und –winkel (°) von [(C$_2$B$_{10}$H$_{11}$)C(N^{i}Pr)(NH^{i}Pr)]$_2$Sn **14**

Sn-N(1)	2.497(2)	C(1)-C(2)	1.651(3)
Sn-C(2)	2.318(3)	C(1)-C(3)	1.528(3)
		N(1)-C(3)	1.287(3)
		N(2)-C(3)	1.347(3)
C(2)-Sn-N(1)	73.03(7)	N(1)-C(3)-N(2)	129.7(2)
N(1)-Sn-N(1A)	161.40(9)	N(1)-C(3)-C(1)	117.2(2)
C(2)-Sn-C(2A)	96.95(12)	N(2)-C(3)-C(1)	113.0(2)

Tabellenanhang

Tabelle 27: Strukturdaten von $[(C_2B_{10}H_{11})C(N^iPr)(NH^iPr)]_2Cr$ **15**

Identification code	ip109
Empirical formula	$C_{18}H_{50}B_{20}CrN_4$
Formula weight	590.82
Temperature	133(2) K
Wavelength	0.71073 Å
Crystal system	Monoclinic
Space group	P2/n
Unit cell dimensions	a = 13.749(3) Å $\alpha = 90°$
	b = 8.1504(16) Å $\beta = 103.10(3)°$
	c = 15.296(3) Å $\gamma = 90°$
Volume	1669.4(6) $Å^3$
Z	2
Density (calculated)	1.175 Mg/m^3
Absorption coefficient	0.363 mm^{-1}
F(000)	620
Crystal size	0.40 x 0.27 x 0.20 mm^3
Theta range for data collection	2.26 to 28.28°
Index ranges	-18<=h<=18, -10<=k<=9, -20<=l<=15
Reflections collected	9177
Independent reflections	4036 [R(int) = 0.0859]
Completeness to theta = 28.00°	97.1 %
Absorption correction	None
Refinement method	Full-matrix least-squares on F^2
Data / restraints / parameters	4036 / 0 / 203
Goodness-of-fit on F^2	1.107
Final R indices [I>2sigma(I)]	R1 = 0.0621, wR2 = 0.1280
R indices (all data)	R1 = 0.0820, wR2 = 0.1360
Largest diff. peak and hole	0.486 and -0.324 e.$Å^{-3}$

Tabelle 28: Ausgewählte Bindungsabstände (Å) und –winkel (°) von $[(C_2B_{10}H_{11})C(N^iPr)(NH^iPr)]_2Cr$ **15**

Cr-N(1)	2.0852(19)	C(1)-C(2)	1.664(3)
Cr-C(2)	2.157(2)	C(1)-C(3)	1.510(3)
		N(1)-C(3)	1.303(3)
		N(2)-C(3)	1.347(3)
C(2)-Cr-N(1)	82.06(8)	N(1)-C(3)-N(2)	128.8(2)
N(1)-Cr-N(1A)	161.45(10)	N(1)-C(3)-C(1)	116.74(19)
C(2)-Cr-C(2A)	131.30(12)	N(2)-C(3)-C(1)	114.38(19)

Tabelle 29: Strukturdaten von $\{[(C_2B_{10}H_{11})C(N^iPr)(NH^iPr)]Cr(\mu\text{-}Cl)\}_2$ **16**

Identification code	ip89
Empirical formula	$C_{18}H_{50}B_{20}Cl_2Cr_2N_4$
Formula weight	713.72
Temperature	133(2) K
Wavelength	0.71073 Å
Crystal system	Monoclinic
Space group	$P2_1/c$
Unit cell dimensions	a = 10.378(2) Å α = 90°
	b = 11.887(2) Å β = 103.29(3)°
	c = 15.418(3) Å γ = 90°
Volume	1851.0(6) Å^3
Z	2
Density (calculated)	1.281 Mg/m^3
Absorption coefficient	0.753 mm^{-1}
F(000)	736
Crystal size	0.41 x 0.34 x 0.23 mm^3
Theta range for data collection	2.19 to 28.27°
Index ranges	-13<=h<=13, -15<=k<=15, -20<=l<=20
Reflections collected	19700
Independent reflections	4584 [R(int) = 0.0651]
Completeness to theta = 28.00°	99.9 %
Absorption correction	None
Refinement method	Full-matrix least-squares on F^2
Data / restraints / parameters	4584 / 1 / 256
Goodness-of-fit on F^2	1.208
Final R indices [I>2sigma(I)]	R1 = 0.0414, wR2 = 0.0896
R indices (all data)	R1 = 0.0490, wR2 = 0.0924
Largest diff. peak and hole	0.456 and -0.406 e.Å^{-3}

Tabelle 30: Ausgewählte Bindungsabstände (Å) und –winkel (°) von
$\{[(C_2B_{10}H_{11})C(N^iPr)(NH^iPr)]Cr(\mu\text{-}Cl)\}_2$ **16**

Cr-N(1)	2.1160(15)	C(1)-C(2)	1.644(2)
Cr-C(2)	2.0854(18)	C(1)-C(3)	1.512(2)
Cr-Cl	2.4000(6)	N(1)-C(3)	1.304(2)
Cr-Cl(A)	2.3789(7)	N(2)-C(3)	1.349(2)
C(2)-Cr-N(1)	81.92(6)	N(1)-C(3)-N(2)	130.49(17)
N(1)-Cr-Cl	103.86(5)	N(1)-C(3)-C(1)	116.51(15)
C(2)-Cr-Cl(A)	91.47(5)	N(2)-C(3)-C(1)	112.97(15)
Cl(A)-Cr-Cl	84.47(2)		
N(1)-Cr-Cl(A)	169.34(4)		
C(2)-Cr-Cl	166.11(5)		
Cr(A)-Cl-Cr	95.53(2)		

Tabelle 31: Strukturdaten von {N[CH$_2$CH$_2$N=CH(2-O-3,5-^{t}Bu$_2$C$_6$H$_2$)]$_3$}Ce **18**

Identification code	ip73	
Empirical formula	C$_{51}$H$_{78}$CeN$_4$O$_3$	
Formula weight	935.29	
Temperature	180(2) K	
Wavelength	0.71073 Å	
Crystal system	Monoclinic	
Space group	C2/c	
Unit cell dimensions	a = 27.840(6) Å	α = 90°
	b = 16.345(3) Å	β = 111.39(3)°
	c = 24.849(5) Å	γ = 90°
Volume	10528(4) Å^3	
Z	8	
Density (calculated)	1.180 Mg/m^3	
Absorption coefficient	0.905 mm^{-1}	
F(000)	3952	
Crystal size	0.45 x 0.34 x 0.33 mm^3	
Theta range for data collection	2.06 to 28.28°	
Index ranges	-37<=h<=37, -21<=k<=21, -33<=l<=33	
Reflections collected	36433	
Independent reflections	12973 [R(int) = 0.0477]	
Completeness to theta = 28.28°	99.2 %	
Absorption correction	None	
Max. and min. transmission	0.7544 and 0.6862	
Refinement method	Full-matrix least-squares on F^2	
Data / restraints / parameters	12973 / 0 / 550	
Goodness-of-fit on F^2	1.023	
Final R indices [I>2sigma(I)]	R1 = 0.0404, wR2 = 0.0811	
R indices (all data)	R1 = 0.0671, wR2 = 0.0887	
Largest diff. peak and hole	0.722 and -0.875 e.Å^{-3}	

Tabelle 32: Ausgewählte Bindungsabstände (Å) und –winkel (°) von {N[CH$_2$CH$_2$N=CH(2-O-3,5-^{t}Bu$_2$C$_6$H$_2$)]$_3$}Ce **18**

Ce-O(1)	2.261(2)	Ce-N(1)	2.860(2)
Ce-O(2)	2.266(2)	Ce-N(2)	2.629(2)
Ce-O(3)	2.280(2)	Ce-N(3)	2.616(2)
		Ce-N(4)	2.613(2)
O(1)-Ce-O(2)	96.92(8)		
O(1)-Ce-O(3)	96.92(8)	N(2)-Ce-N(3)	102.09(8)
O(2)-Ce-O(3)	97.78(8)	N(2)-Ce-N(4)	102.36(7)
		N(3)-Ce-N(4)	104.13(8)
O(1)-Ce-N(1)	119.73(7)		
O(2)-Ce-N(1)	119.80(8)	N(1)-Ce-N(2)	64.42(8)
O(3)-Ce-N(1)	120.41(8)	N(1)-Ce-N(3)	64.51(7)
		N(1)-Ce-N(4)	64.67(8)
O(1)-Ce-N(2)	68.43(7)		
O(2)-Ce-N(3)	68.35(8)		
O(3)-Ce-N(4)	69.00(7)		

Tabelle 33: Strukturdaten von {N[CH$_2$CH$_2$N=CH(2-O-3,5-^{t}Bu$_2$C$_6$H$_2$)]$_3$}Eu·DME **19**·DME

Identification code	ip78	
Empirical formula	C$_{53}$H$_{83}$EuN$_4$O$_4$	
Formula weight	992.19	
Temperature	133(2) K	
Wavelength	0.71073 Å	
Crystal system	Monoclinic	
Space group	C2/c	
Unit cell dimensions	a = 27.648(6) Å	α = 90°
	b = 16.227(3) Å	β = 111.71(3)°
	c = 24.817(5) Å	γ = 90°
Volume	10344(4) Å^3	
Z	8	
Density (calculated)	1.274 Mg/m^3	
Absorption coefficient	1.258 mm^{-1}	
F(000)	4192	
Crystal size	0.40 x 0.33 x 0.29 mm^3	
Theta range for data collection	2.07 to 28.28°	
Index ranges	-36<=h<=35, -21<=k<=21, -33<=l<=33	
Reflections collected	37390	
Independent reflections	12770 [R(int) = 0.0583]	
Completeness to theta = 28.28°	99.4 %	
Absorption correction	None	
Refinement method	Full-matrix least-squares on F^2	
Data / restraints / parameters	12770 / 0 / 578	
Goodness-of-fit on F^2	1.064	
Final R indices [I>2sigma(I)]	R1 = 0.0395, wR2 = 0.0906	
R indices (all data)	R1 = 0.0511, wR2 = 0.0955	
Largest diff. peak and hole	2.421 and -1.606 e.Å^{-3}	

Tabelle 34: Ausgewählte Bindungsabstände (Å) und –winkel (°) von {N[CH$_2$CH$_2$N=CH(2-O-3,5-^{t}Bu$_2$C$_6$H$_2$)]$_3$}Eu·DME **19**·DME

Eu-O(1)	2.211(2)	Eu-N(1)	2.793(2)
Eu-O(2)	2.213(2)	Eu-N(2)	2.531(2)
Eu-O(3)	2.2218(19)	Eu-N(3)	2.530(2)
		Eu-N(4)	2.516(2)
O(1)-Eu-O(2)	95.08(8)		
O(1)-Eu-O(3)	96.13(8)	N(2)-Eu-N(3)	103.56(8)
O(2)-Eu-O(3)	94.61(8)	N(2)-Eu-N(4)	105.23(8)
		N(3)-Eu-N(4)	103.56(8)
O(1)-Eu-N(1)	120.75(7)		
O(2)-Eu-N(1)	121.34(8)	N(1)-Eu-N(2)	65.49(8)
O(3)-Eu-N(1)	122.23(7)	N(1)-Eu-N(3)	65.37(7)
		N(1)-Eu-N(4)	65.92(7)
O(1)-Eu-N(2)	70.64(8)		
O(2)-Eu-N(3)	70.78(7)		
O(3)-Eu-N(4)	71.30(8)		

Tabelle 35: Strukturdaten von {N[CH$_2$CH$_2$N=CH(2-O-3,5-^{t}Bu$_2$C$_6$H$_2$)]$_3$}Eu·MeCN **19**·MeCN

Identification code	ip47a	
Empirical formula	C$_{53}$H$_{78}$EuN$_5$O$_3$	
Formula weight	985.16	
Temperature	173(2) K	
Wavelength	0.71073 Å	
Crystal system	Triclinic	
Space group	P -1	
Unit cell dimensions	a = 16.3739(2) Å	α = 93.0927(11)°
	b = 17.8199(2) Å	β = 109.0384(11)°
	c = 20.7191(3) Å	γ = 112.2090(11)°
Volume	5181.13(13) Å^3	
Z	4	
Density (calculated)	1.263 Mg/m^3	
Absorption coefficient	1.255 mm^{-1}	
F(000)	2072	
Crystal size	0.40 x 0.40 x 0.30 mm^3	
Theta range for data collection	2.12 to 29.27°	
Index ranges	-22<=h<=22, -24<=k<=24, -28<=l<=28	
Reflections collected	196736	
Independent reflections	27967 [R(int) = 0.0754]	
Completeness to theta = 29.27°	98.8 %	
Absorption correction	None	
Refinement method	Full-matrix least-squares on F^2	
Data / restraints / parameters	27967 / 58 / 1156	
Goodness-of-fit on F^2	1.153	
Final R indices [I>2sigma(I)]	R1 = 0.0486, wR2 = 0.0676	
R indices (all data)	R1 = 0.0607, wR2 = 0.0708	
Largest diff. peak and hole	0.897 and -1.536 e.Å^{-3}	

Tabelle 36: Ausgewählte Bindungsabstände (Å) und –winkel (°) von {N[CH$_2$CH$_2$N=CH(2-O-3,5-^{t}Bu$_2$C$_6$H$_2$)]$_3$}Eu·MeCN **19**·MeCN

Eu(1)-O(1)	2.1901(17)	Eu(2)-O(11)	2.2151(17)
Eu(1)-O(2)	2.2212(16)	Eu(2)-O(12)	2.2172(16)
Eu(1)-O(3)	2.2219(17)	Eu(2)-O(13)	2.2114(17)
Eu(1)-N(1)	2.789(2)	Eu(2)-N(11)	2.806(2)
Eu(1)-N(2)	2.543(2)	Eu(2)-N(12)	2.534(2)
Eu(1)-N(3)	2.513(2)	Eu(2)-N(13)	2.5194(19)
Eu(1)-N(4)	2.526(2)	Eu(2)-N(14)	2.507(2)
O(1)-Eu(1)-O(2)	95.57(6)	O(11)-Eu(2)-O(12)	96.65(6)
O(1)-Eu(1)-O(3)	92.85(7)	O(11)-Eu(2)-O(13)	99.12(6)
O(2)-Eu(1)-O(3)	94.91(6)	O(12)-Eu(2)-O(13)	94.14(7)
N(2)-Eu(1)-N(3)	103.47(6)	N(12)-Eu(2)-N(13)	104.22(7)
N(2)-Eu(1)-N(4)	103.47(7)	N(12)-Eu(2)-N(14)	104.48(7)
N(3)-Eu(1)-N(4)	105.84(7)	N(13)-Eu(2)-N(14)	102.73(7)
N(1)-Eu(1)-N(2)	65.52(6)	N(11)-Eu(2)-N(12)	65.20(6)
N(1)-Eu(1)-N(4)	65.83(7)	N(11)-Eu(2)-N(13)	65.18(6)
N(1)-Eu(1)-N(3)	65.82(6)	N(11)-Eu(2)-N(14)	65.62(6)
O(1)-Eu(1)-N(1)	122.28(7)	O(11)-Eu(2)-N(11)	118.33(7)
O(2)-Eu(1)-N(1)	121.47(6)	O(12)-Eu(2)-N(11)	120.48(6)
O(3)-Eu(1)-N(1)	122.43(7)	O(13)-Eu(2)-N(11)	122.41(6)
O(1)-Eu(1)-N(2)	70.35(6)	O(11)-Eu(2)-N(12)	70.79(6)
O(2)-Eu(1)-N(3)	70.90(6)	O(12)-Eu(2)-N(13)	70.63(6)
O(3)-Eu(1)-N(4)	70.74(7)	O(13)-Eu(2)-N(14)	71.56(6)

Tabelle 37: Strukturdaten von {N[CH$_2$CH$_2$N=CH(2-O-3,5-^{t}Bu$_2$C$_6$H$_2$)]$_3$}CeN$_3$·(CH$_3$CN)$_2$ **20**·(CH$_3$CN)$_2$

Identification code	ip51a
Empirical formula	C$_{51}$H$_{69}$CeN$_7$O$_3$·(CH$_3$CN)$_2$
Formula weight	1050.37
Temperature	150(2) K
Wavelength	0.71073 Å
Crystal system	Triclinic
Space group	P-1
Unit cell dimensions	a = 15.9264(3) Å α = 70.1880(10)°
	b = 16.7188(3) Å β = 70.2910(10)°
	c = 22.7258(4) Å γ = 84.9700(10)°
Volume	5357.10(17) Å^3
Z	4
Density (calculated)	1.201 Mg/m^3
Absorption coefficient	0.893 mm^{-1}
F(000)	2024
Crystal size	0.40 x 0.30 x 0.30 mm^3
Theta range for data collection	1.94 to 28.28°
Index ranges	-21<=h<=21, -22<=k<=22, -30<=l<=30
Reflections collected	187447
Independent reflections	26575 [R(int) = 0.0658]
Completeness to theta = 28.28°	99.9 %
Absorption correction	None
Refinement method	Full-matrix least-squares on F^2
Data / restraints / parameters	26575 / 0 / 1148
Goodness-of-fit on F^2	1.083
Final R indices [I>2sigma(I)]	R1 = 0.0431, wR2 = 0.0981
R indices (all data)	R1 = 0.0557, wR2 = 0.1035
Largest diff. peak and hole	0.808 and -1.363 e.Å^{-3}

Tabelle 38: Ausgewählte Bindungsabstände (Å) und –winkel (°) von {N[CH$_2$CH$_2$N=CH(2-O-3,5-^{t}Bu$_2$C$_6$H$_2$)]$_3$}CeN$_3$·(CH$_3$CN)$_2$ **20**·(CH$_3$CN)$_2$

Ce(1)-O(1)	2.159(2)	Ce(2)-O(5)	2.1542(19)
Ce(1)-O(2)	2.1888(19)	Ce(2)-O(6)	2.1870(19)
Ce(1)-O(3)	2.193(2)	Ce(2)-O(4)	2.197(2)
Ce(1)-N(1)	2.762(2)	Ce(2)-N(8)	2.773(2)
Ce(1)-N(2)	2.661(3)	Ce(2)-N(9)	2.510(2)
Ce(1)-N(3)	2.520(2)	Ce(2)-N(10)	2.630(2)
Ce(1)-N(4)	2.587(2)	Ce(2)-N(11)	2.603(2)
Ce(1)-N(5)	2.437(3)	Ce(2)-N(12)	2.423(2)
O(1)-Ce(1)-O(2)	99.61(7)	O(4)-Ce(2)-O(5)	94.90(8)
O(1)-Ce(1)-O(3)	90.24(8)	O(4)-Ce(2)-O(6)	81.61(7)
O(2)-Ce(1)-O(3)	81.54(8)	O(5)-Ce(2)-O(6)	89.64(8)
N(2)-Ce(1)-N(3)	125.49(8)	N(9)-Ce(2)-N(10)	124.73(8)
N(2)-Ce(1)-N(4)	77.30(8)	N(9)-Ce(2)-N(11)	100.45(8)
N(3)-Ce(1)-N(4)	95.41(8)	N(10)-Ce(2)-N(11)	75.14(7)
N(1)-Ce(1)-N(2)	62.50(8)	N(8)-Ce(2)-N(9)	65.60(8)
N(1)-Ce(1)-N(3)	65.66(8)	N(8)-Ce(2)-N(10)	63.35(7)
N(1)-Ce(1)-N(4)	64.77(8)	N(8)-Ce(2)-N(11)	64.06(7)
N(1)-Ce(1)-N(5)	80.28(9)	N(8)-Ce(2)-N(12)	79.23(8)
O(1)-Ce(1)-N(1)	127.71(8)	O(4)-Ce(2)-N(8)	130.95(8)
O(2)-Ce(1)-N(1)	127.83(7)	O(5)-Ce(2)-N(8)	129.61(8)
O(3)-Ce(1)-N(1)	114.65(8)	O(6)-Ce(2)-N(8)	113.49(8)
O(1)-Ce(1)-N(2)	69.38(8)	O(4)-Ce(2)-N(9)	71.60(8)
O(3)-Ce(1)-N(4)	68.16(8)	O(6)-Ce(2)-N(11)	67.93(7)
O(2)-Ce(1)-N(3)	71.50(7)	O(5)-Ce(2)-N(10)	69.74(7)

Tabellenanhang

Tabelle 39: Strukturdaten von [N{$CH_2CH_2N=CH(2-O-3,5-^tBu_2C_6H_2)$}$_3$Ce][BPh$_4$] **21**

Identification code	ip43a
Empirical formula	$C_{77}H_{98}BCeN_5O_3$
Formula weight	1292.53
Temperature	173(2) K
Wavelength	0.71073 Å
Crystal system	Monoclinic
Space group	P2$_1$/c
Unit cell dimensions	a = 21.7685(4) Å α= 90°
	b = 14.3963(3) Å β= 90.9990(10)°
	c = 22.6783(3) Å γ = 90°
Volume	7106.0(2) Å^3
Z	4
Density (calculated)	1.208 Mg/m^3
Absorption coefficient	0.689 mm^{-1}
F(000)	2728
Crystal size	0.40 x 0.20 x 0.20 mm^3
Theta range for data collection	1.91 to 29.24°
Index ranges	-29<=h<=27, -19<=k<=19, -31<=l<=31
Reflections collected	96988
Independent reflections	19157 [R(int) = 0.0855]
Completeness to theta = 29.00°	99.9 %
Absorption correction	None
Refinement method	Full-matrix least-squares on F^2
Data / restraints / parameters	19157 / 0 / 803
Goodness-of-fit on F^2	1.059
Final R indices [I>2sigma(I)]	R1 = 0.0555, wR2 = 0.0810
R indices (all data)	R1 = 0.0755, wR2 = 0.0862
Largest diff. peak and hole	0.836 and -1.312 e.Å^{-3}

Tabelle 40: Ausgewählte Bindungsabstände (Å) und –winkel (°) von [N{$CH_2CH_2N=CH(2-O-3,5-^tBu_2C_6H_2)$}$_3$Ce][BPh$_4$] **21**

Ce-O(1)	2.1438(16)	Ce-N(1)	2.6548(19)
Ce-O(2)	2.1427(16)	Ce-N(2)	2.472(2)
Ce-O(3)	2.1376(15)	Ce-N(3)	2.4857(19)
		Ce-N(4)	2.492(2)
O(3)-Ce-O(2)	98.91(6)		
O(3)-Ce-O(1)	94.64(6)	N(2)-Ce-N(3)	105.78(6)
O(2)-Ce-O(1)	99.69(6)	N(2)-Ce-N(4)	103.99(7)
		N(3)-Ce-N(4)	110.54(6)
O(1)-Ce-N(1)	120.37(6)		
O(3)-Ce-N(1)	121.08(6)	N(2)-Ce-N(1)	68.09(6)
O(2)-Ce-N(1)	117.30(6)	N(4)-Ce-N(1)	68.13(6)
		N(3)-Ce-N(1)	67.72(6)
O(1)-Ce-N(2)	71.26(6)		
O(2)-Ce-N(3)	71.36(6)		
O(3)-Ce-N(4)	70.86(6)		

Die VDM Verlagsservicegesellschaft sucht für wissenschaftliche Verlage abgeschlossene und herausragende

Dissertationen, Habilitationen, Diplomarbeiten, Master Theses, Magisterarbeiten usw.

für die kostenlose Publikation als Fachbuch.

Sie verfügen über eine Arbeit, die hohen inhaltlichen und formalen Ansprüchen genügt, und haben Interesse an einer honorarvergüteten Publikation?

Dann senden Sie bitte erste Informationen über sich und Ihre Arbeit per Email an *info@vdm-vsg.de*.

Sie erhalten kurzfristig unser Feedback!

VDM Verlagsservicegesellschaft mbH
Dudweiler Landstr. 99
D - 66123 Saarbrücken

Telefon +49 681 3720 174
Fax +49 681 3720 1749

www.vdm-vsg.de

Die VDM Verlagsservicegesellschaft mbH vertritt

Printed by Books on Demand GmbH, Norderstedt / Germany